人生大学讲堂书系·人生大学知识讲堂

科学与人生

品味文明人生

拾月 主编

主　编：拾　月
副主编：王洪锋　卢丽艳
编　委：张　帅　车　坤　丁　辉
　　　　李　丹　贾宇墨

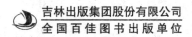
吉林出版集团股份有限公司
全国百佳图书出版单位

图书在版编目（CIP）数据

科学与人生：品味文明人生 / 拾月主编. -- 长春：吉林出版集团股份有限公司, 2016.2（2022.4重印）
（人生大学讲堂书系）
ISBN 978-7-5581-0751-1

Ⅰ. ①科… Ⅱ. ①拾… Ⅲ. ①科学哲学－青少年读物 Ⅳ. ①N02-49

中国版本图书馆CIP数据核字（2016）第041330号

KEXUE YU RENSHENG PINWEI WENMING RENSHENG

科学与人生——品味文明人生

主　　编　拾　月
副主编　王洪锋　卢丽艳
责任编辑　杨亚仙
装帧设计　刘美丽

出　　版　吉林出版集团股份有限公司
发　　行　吉林出版集团社科图书有限公司
地　　址　吉林省长春市南关区福祉大路5788号　邮编：130118
印　　刷　鸿鹄（唐山）印务有限公司
电　　话　0431-81629712（总编办）　0431-81629729（营销中心）
抖 音 号　吉林出版集团社科图书有限公司　37009026326

开　　本　710 mm×1000 mm　1 / 16
印　　张　12
字　　数　200 千字
版　　次　2016 年 3 月第 1 版
印　　次　2022 年 4 月第 2 次印刷

书　　号　ISBN 978-7-5581-0751-1
定　　价　36.00 元

如有印装质量问题，请与市场营销中心联系调换。0431-81629729

"人生大学讲堂书系" 总前言

昙花一现，把耀眼的美只定格在了一瞬间，无数的努力、无数的付出只为这一个宁静的夜晚；蚕蛹在无数个黑夜中默默地等待，只为了有朝一日破茧成蝶，完成生命的飞跃。人生也一样，短暂却也耀眼。

每一个生命的诞生，都如摊开一张崭新的图画。岁月的年轮在四季的脚步中增长，生命在一呼一吸间得到升华。随着时间的推移，我们渐渐成长，对人生有了更深刻的认识：人的一生原来一直都在不停地学习。学习说话、学习走路、学习知识、学习为人处世……"活到老，学到老"远不是说说那么简单。

有梦就去追，永远不会觉得累。——假若你是一棵小草，即使没有花儿的艳丽，大树的强壮，但是你却可以为大地穿上美丽的外衣。假若你是一条无名的小溪，即使没有大海的浩瀚，大江的奔腾，但是你可以汇成浩浩荡荡的江河。人生也是如此，即使你是一个不出众的人，但只要你不断学习，坚持不懈，就一定会有流光溢彩之日。邓小平曾经说过："我没有上过大学，但我一向认为，从我出生那天起，就在上着人生这所大学。它没有毕业的一天，直到去见上帝。"

人生在世，需要目标、追求与奋斗；需要尝尽苦辣酸甜；需要在失败后汲取经验。俗话说，"不经历风雨，怎能见彩虹"，人生注定要九转曲折，没有谁的一生是一帆风顺的。生命中每一个挫折的降临，都是命运驱使你重新开始的机会，让你有朝一日苦尽甘来。每个人都曾遭受过打击与嘲讽，但人生都会有收获时节，你最终还是会奏响生命的乐章，唱出自己最美妙的歌！

正所谓，"失败是成功之母"。在漫长的成长路途中，我们都会经历无数次磨炼。但是，我们不能气馁，不能向失败认输。那样的话，就等于抛弃了自己。我们应该一往无前，怀着必胜的信念，迎接成功那一刻的辉煌……

感悟人生，我们应该懂得面对，这样人生才不会失去勇气……

感悟人生，我们应该知道乐观，这样生活才不会失去希望……

感悟人生，我们应该学会智慧，这样在社会上才不会迷失……

本套"人生大学讲堂书系"分别从"人生大学活法讲堂""人生大学名人讲堂""人生大学榜样讲堂""人生大学知识讲堂"四个方面，以人生的真知灼见去诠释人生大学这个主题的寓意和内涵，让每个人都能够读完"人生的大学"，成为一名"人生大学"的优等生，使每个人都能够创造出生命中的辉煌，让人生之花耀眼绚丽地绽放！

作为新时代的青年人，终究要登上人生大学的顶峰，打造自己的一片蓝天，像雄鹰一样展翅翱翔！

"人生大学知识讲堂"丛书前言

　　易中天曾经说过："经典是人类文化的精华，先秦诸子，是中国文化遗产中经典中的经典，精华中的精华。这是影响中华民族几千年的文化经典。没有它，我们的文化会黯然失色；这又是我们中华民族思想的基石，没有它，我们的思想会索然无味。几千年来，先秦诸子以其恒久的生命力存活于人间，影响和激励了一代又一代人。"

　　人创造了文化，文化也在塑造着人。

　　社会发展和人的发展过程是相互结合、相互促进的。随着人全面的发展，社会物质文化财富就会被创造得越多，人民的生活就越能得到改善。反过来，物质文化条件越充分，就又越能推进人的全面发展。社会生产力和经济文化的发展是逐步提高、永无休止的历史过程，人的全面发展也是逐步提高、永无休止的过程。

　　青少年成长的过程本质上是培养完善人格、健全心智的过程。人的生命在教育中不断成长，人通过接受教育而成为人。夸美纽斯说："有人说，学校是人性的工场。这是明智的说法。因为毫无疑问，通过学校的作用，人真正地成为人。"不可否认，世界性的经典文化是千百年来流传下来的文化遗产与精神财富，塑造了人们的文化精神及思想品格，教育中社会性的人际生命与超越性的精神生命都是文化传统赋予的。经典的文化知识是塑造人生命的基本力量，利用传统文化经典对大学生进行生命教育不仅必要而且可能。

经典知识尤其是思想类经典，具有博大的生命意蕴，可以丰富人的精神生命。儒家经典主要有"四书五经"，讲求正心、诚意、格物、致知、修身、齐家、治国、平天下，从成己而成人，着重建构人的社会性生命。道家经典以《道德经》《庄子》为代表，以得道成仙、自然无为为旨归，侧重人的精神生命。佛教禅宗经典以《坛经》为代表，以明心见性、顿悟成佛为核要，直指人的灵性存在，侧重生命的超越性。

传统文化经典蕴含丰富的生命智慧，有利于提升人格，涵养心灵。中国传统文化蕴含丰富的人生智慧，例如道家的重生养生、少私寡欲；儒家的自强不息、厚德载物；佛家的智悲双运、自利利他等思想，对于引导青少年确立生命的价值与信念，保持良好心境，处理人际关系，提升青少年的修养，不无裨益。

为了更好地帮助青少年在人生成长过程中得到经典知识文化的滋养，使世界先进的文化知识在青少年群体中形成良好传播，我们特别编撰了"人生大学知识讲堂"系列丛书，此套丛书包含了"文化与人生""哲学与人生""智慧与人生""美学与人生""伦理与人生""国学与人生""心理与人生""科学与人生""人生箴言""人生金律"10个方面，丛书以独到的视角，将世界文化知识的精髓融入趣味故事中，以期为青少年的身心灌注时代成长的最强能量。人们需要知识，如同人类生存中需要新鲜的空气和清澈的甘泉。我们相信知识的力量与美丽。相信在读完此书后，你会有所收获。

第1章 转动生命的罗盘，树立科学的人生观

第2章 拒绝浮躁的人生，坚守科学的道德

目录 Contents

第5章 辨析人生的方向，培养科学的智慧

第6章 理清人生的脉络，了解社会的科学

第 7 章　紧随人生的节拍，缔造科学的活法

第 ▼1 章

转动生命的罗盘，树立科学的人生观

　　一提及人生观，大家都感到这是个老生常谈的话题。而这个老话题却是每个人都不能回避的永恒课题。人从生下来一直到离开人世，这段历程就是人生。如何看待人生，如何走过人生这段历程，就涉及人生观的问题了。人生之路怎么走，直接受人生观支配。人生观是"总开关"，有什么样的人生观，就有什么样的人生。只有树立科学的人生观，才能拥有伟大的人生、光辉的人生、幸福的人生、有意义的人生。

第一节　理想和信念，
为科学的人生观铺路

树立正确的理想和坚定的信念，是确立正确人生观首先要解决的一个根本性问题。人生在世，每个人都会抱有这样那样的理想，为什么有的人能较好地实现自己的追求，有的人却不能如愿？其中一个很重要的原因，在于其理想是否正确、信念是否坚定。

这是正确理想观的"基"和"本"，想要追求远大的理想信念，就必须经过长期培育和积累。

信念指引方向

一位心理学家曾做过一个实验，在实验中，他验证了信念对于一个人的成功有多么重要。

在实验开始的时候，他组织三组人，让他们分别向着10公里以外的三个村子进发。

第一组的人既不知道村庄的名字，也不知道路程有多远，只被告知跟着向导走就行了。刚走出两三公里，就开始有人叫苦；走到一半的时候，有人几乎愤怒了，他们抱怨为什么要走这么远，何时才能走到终点，有人甚至坐在路边不愿走了；越往后，他们的情绪就越低落。

第二组的人知道村庄的名字和路程有多远，但路边没有里程

科学与人生——品味文明人生

碑，只能凭经验来估计行程的时间和距离。走到一半的时候，大多数人想知道已经走了多远。比较有经验的人说："大概走了一半的路程。"于是，大家又继续往前走。当走到全程的四分之三时，大家情绪开始低落，觉得疲惫不堪，而路程似乎还有很长。当有人说："快到了！快到了！"大家又振作起来，加快了行进的步伐。

第三组的人不仅知道村子的名字、路程，而且看到公路旁每一公里都有一块里程碑。人们边走边看里程碑，每缩短一公里，大家便快乐一会儿。行进中，他们用歌声和笑声来消除疲劳，情绪一直很高昂，所以很快就到达了目的地。

通过上面的实验，心理学家得出了这样的结论：当人们的行动有了明确的目标，并能把行动与目标不断地加以对照，进而清楚地知道自己的行进速度与目标之间的距离时，人们行动的动机就会得到维持和加强，就会自觉地克服一切困难，努力到达目标。有目标，人便更容易成功。

美国有家调查机构曾做过一个著名的跟踪调查。他们在一所著名大学的毕业生中选取了40个人。其中20个有明确的事业目标，决心一毕业就为自己的事业而奋斗；而另外20个则没有明确的目标，决定先找份工作，赚了钱再说。

结果，20年后，前20名学生中有18个成了百万富翁，后20个学生中仅有1个成为百万富翁。是否有明确目标的差别即在于此。

有的人从头至尾都有一个明确的目标方向，为成就一番事业而奋斗，而有的人身不由己，随波逐流。船有航行的目标，鸟有飞行的方向，倘若每个人都能把自己的方向认清楚，并能好好掌握，就能够活出个像样的自己，并做出许多有意义的事情。那么，他必会有一个充实且完美的人生。

反之，如果没有明确的理想和信念，一个人将无所事事，白白地浪费生命。

西方有句谚语："如果你不知道自己要到哪儿去，那通常你哪儿也去不了。"人生之旅是从选定理想和信念开始的。没有理想和信念的帆，永远是逆风行驶，没有目标的人生不过是在绕圈子

第二节　摆正金钱观，
做精神上的富翁

金钱具有两面性，它既能使人快乐，又能使人苦恼。生活中不能缺少钱，但如果把钱看得过重，就必然为金钱所累，被金钱牵着鼻子走，成为金钱的奴隶和俘虏。

沂蒙山区有个人叫王廷江，大字不识几个，挣了几百万元捐给村里，入了党，当了书记，带领全村致富。他说："钱是身外之物，生不带来，死不带去。"人生在世，应该有比金钱更高尚的人生追求。

有钱能买到好房，但不一定能买到一个幸福的家，有的人口袋里装满了钱，家庭却分裂了。有钱能买到好药，但不一定能买到健康，一个人的好身体，绝对不是靠吃营养药吃出来的；有钱能买到好床，但不一定能买到好睡眠，如果失眠，那么无论躺在什么样的床上，也无法安眠；有钱能买到珍珠，但不一定能买到美丽。金钱不能代替一切。

有人炫富说："我'穷'得只剩下钱了。"这种人其实患有精神上的"衰竭症"。美国有句谚语："金钱是个好奴仆，但又是个坏主人。"现在有一些人存在攀比的心理，比谁的家庭有钱，比谁敢花钱。家庭是同等的，无论钱多钱少，这只能代表一个人的环境，而不是一个人的未来。

有个外出打工的人。他早年丧父，家境贫寒，迫于无奈才辍学离乡"打工"。他在一家企业看管仓库，一个月挣几百块钱，觉得钱太少，顿生邪念，监守自盗。不到半年，他给家里寄回一万多元钱，他的母亲高兴得不得了，当即回了一封信：儿，你真争气，自从收到你的钱，过去看不起咱家的街坊邻居都对咱家刮目相看了。还嘱咐孩子小心点儿。这个打工的人见信后胆子越发大起来。没过多久便东窗事发。刑前，他提出要见母亲一面，司法人员满足了他的要求。见到他的母亲后，他说要和母亲说一句悄悄话。母亲靠近他时，只见他将母亲的耳朵硬生生地咬下一块肉来。因为这个贪钱的母亲不仅没有制止他错误的行为，还进一步助长贪欲，把孩子推进了牢狱。

难道甘于贫寒，谈钱色变才是正确的吗？当然不是，它的关键是要有正确的金钱观。古人说："君子爱财，取之有道。"凭借劳动和知识得到金钱是无可非议的，但任何人都不能不择手段地攫取金钱。要当金钱的"主人"，不要成为金钱的"奴隶"。穷要穷得有志气，穷则思变；富要富得堂堂正正，富而思进。不论贫富，都应成为精神上的富有者。

改变金钱观

1882年，19岁的米高·马格斯生活无以为继，被迫离开出生地拜亚尼斯托，前往英国。来到伦敦，马格斯傻了。他举目无亲，身无分文，还不懂英语，无法和本地人正常交流。他离开了饥寒贫困的家乡，在人生地疏的异国他乡生计无着。他暗自叫苦，深深感到再也没有比缺乏一项谋生之道更艰难的了。

马格斯在伦敦难以立足，被迫转道前往英国北部的列斯。当时，列斯聚居着6000多名犹太人。犹太朋友好不容易在纺织业中为马格斯找了一个谋生的职业。但是，由于马格斯体质单薄，没有几天就被辞退，于是他被迫去贩卖纽扣、毛线、针、带子、袜子之类的小商品，借以糊口。从此，列斯成了一名肩挑小贩。马格斯把要贩卖的货物挑在肩上，终日在列斯周围的农村、矿区和约克郡的峡谷里沿街叫卖，艰苦经营。

挨门逐户往返肩挑的小贩赢利少，生活极其艰苦。马格斯弱小的身体难以承受沉重的扁担和没完没了的奔波。他痛苦地认识到要改变自己的艰难处境，就必须改变过去的金钱观念。1884年，马格斯果断地搁下了扁担，在列斯的露天市场摆了一个摊子。这个摊子虽然很小，经营也十分艰辛，但他的生意却很"红火"，一摊子东西往往半天就卖完了。要想获得更多的金钱，就必须让手中的"小钱"运动起来变成"大钱"，让金钱为自己工作。尝到了甜头的马格斯此时不再满足于小摊小贩的模式，扩大经营的强烈愿望使他渐渐转向管理、监督、购货、运输以及赴各地考察、开设新店等多种业务。他奉行精简和俭约的经营宗旨，果断聘请多名助手，主持各店的业务。他的这些举措使生意越来越兴旺。1894年9月28日，31岁的马格斯以"马狮公司"东道主和创始人的身份出现在英国社会上。

马格斯从肩挑小贩到创建国际"超级商店"的传奇经历为人们树立了一个改变金钱观成为富豪的典范。

不是很富有没关系，只要拥有正确的金钱观，就已经迈开了成为富人的第一步；倘若还没有形成正确的金钱观，就请从现在起开始改变旧观念，树立正确的金钱观，来提高自己的财商。改变金钱观是成为富翁的第一步。这第一步是最重要的，但也是最难的。走好了第一步，以后的路才能越走越顺、越走越快，顺利地到达财富金字塔的顶端。

改变金钱观没有什么诀窍，最有效的办法是应该树立以下几种金钱观念：

§人生最大的财富是健康，千万别为金钱拼命。

科学与人生——品味文明人生

§金钱不是万能的，没有金钱万万不能。如果没有掌握金钱的规律，绝对不要用过多的钱去投资，维持生计是人类的第一需要。

§金钱是具有生命的"活东西"，可以在流动中创造更大的价值。要想获得更多的金钱，就必须让手中的钱运动起来。

§金钱只是没有价值的符号，不是真实的资产。要努力控制金钱，让金钱为自己工作。金钱不能给人带来安全，不要把过多的金钱放到银行里，要把金钱变成能带来更多财富的工具。

§只要你具有与众不同的金钱思维，就能拥有更多的财富，从而达到预期的目的。

以上观念不但要牢记在脑子里，而且要溶化在血液中，落实在行动上。

第三节　淡泊名利观，不背思想包袱

树立正确的名利观，很重要的一点就是要正确对待个人前途和职位。如果这个问题处理不好，人们就会背上思想包袱，这也会成为前进道路上的羁绊。每个人都应以严肃认真的态度对待和处理名利观。

南宋诗人陆游曾在一首诗里写道："利禄驱人万火牛，江湖浪迹一沙鸥。"诗句形象地比喻一些人为利禄所驱使，像火牛一样不顾一切，最终走向堕落。常言说得好，计较太多人易老，忘却名利烦恼少。

放弃名利等于放弃了烦恼

"八一"电影制片厂厂长王晓棠一生坎坷，曾经饱受磨难，在她从艺生涯中，也"三起三落"。央视"艺术人生"栏目邀请她当嘉宾，主持人问道；"你一生中最大的感悟是什么？"她回答两个字："放弃。"

放弃名利，放弃烦恼，放弃挑剔责难。扎实干好每一件事，欢乐度过每一天。生活中的辩证法告诉人们，"唯有埋头，才能出头"。种子只有埋在土里，才能发芽，若老想跳出地面，那始终是一粒种子。所以，每个人都应树立正确的名利观，辩证地看待得与失，始终保持积极进取、奋发向上的精神状态。

古人有言："淡泊名利"。"淡泊"是一种古老的道家思想，《老子》中就曾说："恬淡为上，胜而不美。"世间的名利就像枷锁一样，会缚住人们的身心。不被名利束缚的人，才能自在，才能摆脱无尽的烦恼，才能获得最终的幸福。

有个人一生追求名利，终于做了当朝宰相，但是却终日烦恼缠身，于是他就去寻求能够解脱烦恼的秘诀。一天，他走到山脚下，看见生长着绿草的牧场里有个牧羊人正骑着马，嘴里吹着的笛子发出悠扬的韵调，非常逍遥自在。于是他问这个牧羊人："你怎么过得这么快乐？能教给我怎么才能像你一样快乐，没有苦恼吗？"

牧羊人说："没什么。骑骑马，吹吹笛子，什么烦恼都忘记了。"

他试了试，但却没什么效果，于是，他放弃了这个方法，又去继续寻求。

不久，他来到一座庙宇，看见一个老和尚在打坐修行，面带微笑，看起来是个充满智慧的人。他深深地鞠了一个躬，向老和尚说明来意。

老和尚说："你想寻求解脱吗？"

他说："是。"

老和尚说："有人把你捆住了吗？"

他说："没有。"

老和尚又说："既然没人捆你，谈什么解脱呢？"

名利如过眼云烟，生不带来，死不带去，它就像一张网，网住一个人所有的快乐和幸福，只留下无尽的烦恼和忧愁。如果太重视名利，就会忽略人生的真谛，到头来终会后悔莫及。

学会以淡泊之心看待权力、地位，乃是使心灵免遭痛苦的良方，也是得到人生幸福和快乐的智慧所在。

大学者钱钟书，终生淡泊名利，甘于寂寞。他谢绝所有新闻媒体的采访，中央电视台《东方之子》栏目的记者曾千方百计想冲破钱钟书的防线，最终还是不无遗憾地对全国观众宣告："钱钟书先生坚决不接受采访，我们只能尊重他的意见。"

美国普林斯顿大学曾特邀钱钟书去讲学，每周只需钱钟书讲40分钟课，一共只讲12次，酬金16万美元。食宿全包，可带夫人同往。待遇如此丰厚，可是钱钟书却拒绝了。

钱钟书的著名小说《围城》发表以后，不仅在国内引起轰动，国外的反响也很大。新闻和文学界有很多人想见他，一睹他的风采，都被他婉拒。有一位英国女士打电话，说她读了《围城》迫切地想见他。钱钟书再三婉拒，她仍然执意要见。钱钟书幽默地对她说："如果你吃了个鸡蛋觉得不错，何必一定要认识那只下蛋的母鸡呢？"

1991年11月，钱钟书80华诞前夕，家中电话不断，亲朋好友、学者名人、机关团体纷纷要给他祝寿，中国社会科学院要为他开祝寿会，钱钟书一概推辞。

正是面对名利淡然处之的态度，使钱钟书能够心无旁骛地专注于自己的学术领域，成为一代大家。每个人都应该向其学习，放下名利这些虚华，关注心灵上的需求，以求达到人生更高的境界。

求名之心过盛必作伪，利欲之心过剩则偏执。

在五彩缤纷的都市生活中，拥有一颗淡泊之心尤为重要。面对名利之风渐盛，物质压迫精神的现状，能够做到视名利如粪土，视物质为螯物，在简单、朴素中感受心灵的丰盈、充实，并将自己始终置于一种平和、自由的境界，可以使人不再为名利而变得忙碌不堪，也不必再为名利患得患失。放下名利，在每个人心中都种上一株"淡泊之花"，让心灵不再为名利所困扰。

保持一颗淡泊名利的平常心，在朴实无华的心境中生活，于寂然中品味人生的艰辛，于宁静中净化自己的灵魂，才能够在沉迷中变得清醒，在贪求中变得淡泊，对什么事都拿得起、放得下。

名利就像是一副枷锁，会束缚人的本真，抑制对理想的追求。如若看不破"名利"二字，就会受到终身的羁绊。对此，一个人要想以清醒的心智和从容的步履走过岁月，在其精神中就不能缺少气魄，一种视功名利禄如浮云的气魄。

第四节　磨炼苦乐观，
拥抱"苦"出来的幸福

无数事实告诉人们，困苦并不是坏事，它能考验人，也能造就人，"谁英雄，谁好汉，困苦面前试试看。"

人的面孔就是由"苦"字组成的，双眉是"艹"，眼鼻是"十"字，下面是"口"字，加起来就是个"苦"字。人生就是一个苦相，怕苦畏难就做不好人，也干不成事。也可以这样讲，所有的成功是"苦"出来的，所有的进步是"苦"出来的，所有的幸福也是"苦"出来的。

屈原不苦写不出《离骚》；孔丘不苦写不出《春秋》；司马迁不苦写不出《史记》；勾践不苦就没有最终的灭吴复越。山东大学有一个讲师，在没有四通、电脑的年代里靠勤奋吃苦，靠给别人抄稿子，"抄"成了一个副教授。人们常说："困难像弹簧，看你强不强。你强它就弱，你弱它就强。"挫折虽然影响人们前进的步伐，但它却能磨炼人们的意志。

成功伴随挫折，挫折使人成熟。时下，有人爱听表扬，不爱听批评。一被批评，就认为有人在苛待自己。这类人不知道批评是"强身健体的蜂王浆、球蛋白"。

苦中可得乐

在美国西雅图一个普通的卖鱼市场，鱼贩子们天天在这充斥着腥臭气味的环境中工作。但是，他们生活得很快乐。

一开始，他们也曾经抱怨过命运的不公。但是，当他们意识到再多的抱怨都无济于事时，他们开始转变心态，开始对自己的工作从厌恶转变为欣赏。

他们不再抱怨糟糕的工作环境，而是把卖鱼当成一种艺术。平时，他们个个面带笑容，像入场的棒球队员，把冰冻的鱼当作棒球一样，在空中抛来接去，大家互相唱和。他们用笑脸迎送着过往的客人，把快乐传递给了每一个人。以前气氛沉闷的鱼市变成了欢乐的游乐场。

人在不能改变环境的时候，就要学会改变自己的心态。能够改变心态，才能拥有积极向上的行为。那样，就会在生活中发现很多让自己心情愉悦的事情，那个时候，再苦的日子也是甜的。而生活的艺术，就是把苦日子过甜。

谁都可以把苦日子过甜，关键看我们是否能以这样的心态面对生活。乐观的人心胸宽广，能苦中作乐，在困苦中享受小小的幸福。很多人之所以没有把日子过甜，是因为自己的心态不积极、不乐观。很多时候，生活并没有亏待人，而是人的祈求太多太高，以至于忽略了生活本身。

如今，随着社会竞争的加剧、生活压力的增加，我们经常会看到一些人在网上"大倒苦水"。在他们眼里，自己每天的生活过得简直比黄连还苦。

其实，人生就好比是一场盛宴，本来就是酸甜苦辣咸、百味杂陈的。酸赋予人们情感，甜赋予人们快乐，辣赋予人们热情，咸赋予人们品味，而苦，则赋予人们坚强！如果只想吃甜，不想吃苦，那么就很难在人生的道路上有所作为。

苦尽甘方来

在一座大山上，静静地躺着各式各样、大大小小的石头。

一天，这里来了一群僧人，他们来自附近的一座著名的寺院。他们要找一块巨大的石头，把它雕刻成一尊佛像。

经过一番精挑细选，他们看中了两块质地优良、极有灵性的大石头。于是，雕刻师拿起刻刀开始工作。

不料，他还没有刻几下，那块石头就龇牙咧嘴地哀号起来："痛死我了，你饶了我吧！"

"忍一下吧，3个月后，你将成为一尊佛像，终生享受众人的膜拜。"雕刻师耐心地劝道。

"不，实在太痛了，你还是找别的石头吧。"

于是，雕刻师摇摇头，把它放下，来到另一块石头前，问："我现在要雕刻你了，你怕痛吗？"

这块石头知道自己将被雕刻成佛像，坚定地回答："来吧，我不怕痛，你大可放手来雕刻。"于是，雕刻师开始一锤一锤地敲打，一刀一刀地雕刻。无论身体多么痛苦，这块石头都始终默默承受。终于，炼狱般的3个月过去了，它被雕刻成了一座庄严的佛像。每天，都有成千上万的信男信女对着它顶礼膜拜，为它献花供果、烧香奉茶。

先前那块石头因为无法忍受雕刻之苦，所以被人们直接打碎铺在了路上，成为人们的踏脚石。寒暑易节，它不仅要承受风吹雨打，而且还要被万人践踏。

有一天，痛苦不堪的它终于忍受不住了，就对佛像抱怨说："为什么人们总是天天踩着我来跪拜你？我们不是一样的吗？凭什么？"

佛像笑着说："咱们原先是一样的，只是加工程序不一样罢了。我的苦难你不曾忍受，别人在你身上轻轻敲打一下就忍受不了，而我经过了痛彻心扉的苦难修行，才有了今日的出人头地！"

宝剑锋从磨砺出，梅花香自苦寒来。苦尽了，方能甘来。每个人的经历不同，结果自然也不同！

从古至今，几乎所有的伟人圣贤都是从苦难中慢慢奋斗成功的。佛陀六年苦行；达摩九年面壁；孙敬和早年头悬梁，锥刺股，方苦学有成，为世人所称道。而在今天，许多人总是喜甜怕苦，想取得成功，又怕吃苦。一遇到一点儿苦处难处，就受不了。这样的人如何在人生道路上披荆斩棘，又如何面对将来严酷的生存竞争？

一个人不仅要会吃苦，更要做到以苦为乐，把吃苦当作一种享受。吃苦，是一个人从懦弱步入强悍的桥梁，是其命运从苍白走向热烈的必然过程。如果人们善于在苦中总结，在苦中升华，吃苦就会成为人生中一首奋进的凯歌，时刻激励人们无畏前行！

第五节　建立道德观，
美德是快乐的伴侣

要有高尚的人格

一个人很正气，思想很好，但没有才能，也许会是一个平庸之人。如果一个人有才气，但品德很坏，就会成为有害之人。曾国藩有两句话："有才无德——小人；有德无才——庸人。"

上帝只给人们种子，需要人类自己把这类人性的种子播进心灵，只有倍加呵护，它才能开出美丽的道德之花，芳沁人间，香盈大地。

道德作为一种出于人性自觉的高级意识形态，既是指导自身行为的规范和应该遵循的标准，又是识别和评价他人行为的基本尺度。从本质上来说，道德不受外在力量的强制，而是由人的内在道德需要而引发的自主、自为、自觉、自愿的行为。而一个完美人格的塑造正是基于这种道德的自律和滋养。

高尚完美的人格是一个人的志趣、能力、心理、气质的集中表现，是一定社会或阶级的人们道德品质修养的最高境界和要求。无数的志士仁人对后世的巨大影响不是因为他们是否手握大权，而是由于他们具有高尚人格。屈原为保持高尚的人格，决不愿与恶势力同流合污，他犹如南国的橘树"独立不迁"，又如清秀的荷花"出淤泥而不染"。陶渊明为保持高尚的德操、纯洁的人格，在为官期间不搜刮民财，不贪污受贿，不愿为五斗米折腰而毅然解印辞官，归隐田园。范仲淹"居庙堂之高，则忧其民；处江湖之远，则忧其君"，以其政治追求和崇高人格而受到世代褒扬。

加强道德修养

高尚的人格不是遗传的、天生具有的，而是通过后天的道德修养、道德教育而逐步形成的。高占祥说："道德修养是人格形成的关键因素，是人格结构中的核心要素。它在人格形成中占有特殊的重要位置，可以说，道德修养决定人格的本质，有什么样的道德，就会有什么样的人格。"因而，要优化自己的人格，就要自觉地加强道德修养。

《易经》中说："不恒其德，无所容也。"人如果不能永远保持高尚的道德，就无法立身于世间。《诗经·小雅·车辖》说："高山仰止，景行行止。"意思是说：品德像大山一样崇高的人，一定会有人敬仰他；行为光明正直的人，一定会有人效法他。

"德薄而位尊，知小而谋大，力少而任重，鲜不及矣。"意谓品德不好而地位尊贵，缺少智慧却计谋要事，能力不足而责任重大，这样的人很少有不遭祸的。可见，加强道德修养对于任何人来说都非常重要，不可忽视。

美国第16任总统亚伯拉罕·林肯之所以一直受到世人的景仰，不单于他彪炳千秋的伟大功勋，更在于他的人格魅力。他任职总统期间，通过颁布《解放奴隶宣言》，让400万奴隶获得自由；他遇刺身亡后，美国正式废除了奴隶制。林肯成功维护了美国的统一，为推动美国社会向前发展做出了巨大的贡献。因此他一直是美国历史上最受人景仰的总统之一，甚至在美国"最伟大总统"排名中位列第一，人们称赞他为"新时代国家统治者的楷模"。而当我们去探究林肯伟大人格的成因时，不难发现，这一切恰恰来源于他少年时期的道德滋养，来源于他一生始终不渝、孜孜不倦的人格自律与追求。

1809年2月12日，林肯出生在一个农民的家庭里。小时候，家里很穷，他没机会上学，每天跟着父亲在西部荒原上开垦、劳动。他自己说："我一生中在学校的时间，总共不到一年。"但林肯勤奋好学，一有机会就向别人请教。他放牛、砍柴、挖地时怀里也总揣着一本书。休息的时候，他一边啃着粗硬冰凉的面包，一边津津有味地看书。晚上，他在小油灯下读书读到深夜。

长大后，林肯离开家乡，独自一人外出谋生。他什么活儿都干，打过短工，当过水手、店员、乡村邮递员、土地测量员，还干过伐木、劈木头的重力气活儿。不管干什么，他都非常认真负责，诚实而且守信用。

他十几岁时当过杂货店的店员。有一次，一个顾客多付了几分钱，他为了退这几分钱跑了十几里路。还有一次，他发现少给了顾客部分商品，就跑了几里路把商品送到那人家中。他诚实、好学、谦虚，每到一处，都受到周围人的喜爱。

1834年，25岁的林肯当选为伊利伊斯州议员，开始了他的政治生涯。1836年，他又通过考试成为律师。

当律师以后，由于他精通法律，口才很好，在当地很有声望。很多人都来找他帮忙打官司。但是他为当事人辩护有一个条件，就是当事人必须是正义的一方。许多穷人没有钱付给他劳务费，但是只要告诉他："我是正义的，请你帮我讨回公道。"林肯就会免费为他辩护。

一次，一个很有钱的人请林肯为他辩护。林肯听了那个客户的陈述，发现那个人是在诬陷好人，于是就说："很抱歉，我不能替您辩护，因为您的行为是非正义的。"那个人说："林肯先生，我就是想请您帮我打这场官司，只要我胜诉，您要多少酬劳都可以。"林肯严肃地说："只要使用一点点法庭辩护的技巧，您的案子很容易胜诉，但对于案子本身是不公平的。假如我接了您的案子，当我站在法官面前讲话的时候，我会对自己说：'林肯，你在撒谎。'谎话只有在丢掉良心的时候，才能大声地说出口。我不能丢掉良心。所以，请您另请高明，我没有能力为您效劳。"那个人听了，什么也没说，默默地离开了林肯的办公室。

1860年，林肯51岁时在美国总统竞选中获胜，当上了美国总统，同时他也受到美国人民的尊敬。当他不幸逝世时，国内外引发了巨大轰动，美国人民深切地哀悼他，有700多万人静立在道路两旁向出殡的行列致哀，有150万人瞻仰了他的遗容。

人们怀念林肯，对他人格上的评语是：正直、仁慈和个性坚强。这其中的每一个词语，都出自他道德上的严格自律。林肯的一生都用道德滋养他的品格，从来没有违背过自己的人格，因而林肯的美好声誉不仅不会随着岁月的流逝而消失，反倒与日俱增，妇孺皆知，这印证了一句话："道德品格是世界上最伟大的一种力量。"

第六节　职业观要科学，
人生价值始于足下

　　无论从事什么职业，无论坚守什么岗位，只要坚守心中的职业道德、辛勤劳动、脚踏实地、求真务实、奋发有为，在任何平凡的岗位上都能创造出不平凡的业绩。

　　进入社会工作，从事某一职业，就要求人们遵守职业道德。在各自的岗位上勤奋敬业、积极进取、埋头苦干、开拓创新，带头做好本职工作，以身作则、廉洁自律；敢于弘扬正气，反对歪风邪气，在关键时刻能够挺身而出，于平凡中成就伟大。

平凡的岗位，不平凡的业绩

　　"CCTV感动中国" 2005年度人物颁奖时有一段颁奖词：他朴实得像一块石头，一个人，一匹马，一段世界邮政史上的传奇。他过滩涉水，越岭翻山，用一个人的长征传邮万里，用20年的跋涉飞雪传心，路的尽头还有路，山的那边还是山，近邻尚得百里远，世上最亲邮递员。这个人叫王顺友。

　　王顺友，四川省凉山彝族自治州木里藏族自治县"马班邮路"投递员，中共党员。2001年，被四川省邮政局评为四川省邮政劳动模范、全国"五一劳动奖章"获得者；2005年，被授予四川省优秀共产党员称号、全国邮政劳动模范称号，被中华全国总工会授予"全国劳动模范"称号，成为万国邮联自1874年成立以来第一个被邀请的最基层、最普通的邮递员。2005年，全国邮政系统劳模发出"向王顺友同志学习"的倡议书。

一个人，一匹马，一条路，在大山里默默行走了20年。20年，在坎坷孤旅中，他没延误一个班期，没丢失一封邮件，投递准确率100%。

木里藏族自治县位于四川省西南部，紧接青藏高原，群山环抱，地广人稀，平均每平方公里的土地上只有9个半人。全县29个乡镇有28个乡镇不通公路、不通电话，以马驮人送为手段的邮路是当地乡政府和百姓与外界保持联系的唯一途径。"蜀道难，难于上青天"，木里道路之难可谓蜀道之冠。如果说马班邮路是中国邮政史上的"绝唱"，他就是为这首"绝唱"而生的使者。

王顺友，一位矮小、苍老的苗族汉子，40岁的人看上去有50开外，与人说话时，憨厚的眼神会变得游离而紧张，一副小心的样子，只有与那匹驮着邮包的枣红马交流时，才透出一种会心的安宁。他说，他常常觉得自己这一辈子就是为了走邮路才来到人世上的。一句朴实无华的话表达了一个普通劳动者的心声。自1985年参加工作以来，他就一直在乡邮投递这个岗位上默默耕耘着。工作虽然平凡，但是他却毫不懈怠，平均每个月他都会投出报纸700份、杂志28份、信函45封、印刷品25件、包裹5件。众所周知，木里藏族自治县的自然环境非常恶劣，在这样艰苦的条件下，他所面临的困难是常人难以想象的：长年累月奔波在往返里程达360公里的深山峡谷的乡邮路上。

王顺友每走一个班要14天，一个月要走两班，一年365天。他有330天走在邮路上，每一班他都要翻越海拔5000米。

翻过一年中有6个月冰雪覆盖的察尔瓦山，接着又要走进海拔1000米、气温高达40摄氏度的雅砻江河谷，中途还要穿越大大小小的原始森林和山峰沟梁。他这样描述自己的生活：冬天一身雪，夏天一身泥；饿了吞几口糌粑面，渴了喝几口山泉水或啃几口冰块；晚上蜷缩在山洞里、大树下或草丛中，与马相伴而眠；如果赶上下雨，就得裹着雨衣在雨水中躺一夜。同时，他还要随时准备迎接各种突如其来的自然灾害。凭着忠诚的信念、坚强的意志和矫健有力的脚板，二十年如一日，在雪域高原的送邮行程达26万多公里，从没延误过一期邮班，没丢失过一个邮件，在平凡的岗位上做出了不平凡的业绩，王顺友用实际行动谱写了一名普通劳动者光辉的乐章。

平凡的过程本身就是一种伟大，奇迹的创造者往往是那些最普通的人。一系列近乎天文数字的背后，是一个人的执着，是一个在平凡的工作中默默无闻地做出了不平凡的事情的辛勤而普通的劳动者，这种平凡与非凡的自然融合正是王顺友的可敬之处。

如果社会中每一个岗位上的员工都能有这种心态，都把责任摆在工作的第一位，不畏惧工作过程中的艰难险阻，将劳动当作生活中的一种快乐，把劳动当作个人为社会贡献的一种使命和责任，甚至损害自己的利益，那么他就是一个具有高尚的人生境界的人。

脚踏实地地工作

小刚就是一个饰演小角色的大演员。他大学刚毕业便来到首都，想在出版界找工作，但没有人雇用他，最后迫于生计，只得在一家咖啡馆当男侍。但小刚没有气馁，他认真尽责，动作熟练，永远笑脸迎人。过了几个月，有一位常来的客人问他："我想你该不会一直做男侍吧？你还想做其他什么工作吗？"

他回答："我想找一份编辑工作，晚间在这里上班，白天出去谋职。"

原来这个客人是一位著名的出版商，他正要找一位精干而年轻的助理。于是，他安排小刚面试，结果小刚最终得到了这份工作。

小刚实践了"脚踏实地"的原则。他认为男侍的工作非但不是绊脚石，而且还是个晋级的台阶，只是没想到这一步能跨得这么远、这么快。

很多时候，成就的大小不在于现在的高度，不在于文凭，也不在于智商的高低，而全在于一个人肯不肯付出，有没有脚踏实地和全力以赴的态度。

走出职业困局，实现华丽转身

山城有一家纺织厂，经济效益不好，工厂决定让一批人下岗。在这一批下岗人员中有两位女性，她们都40岁左右。一位是大学毕业生，工厂的工程师，另一位则是普通女工。

就智商而论，这位工程师的智商无疑不低于那位普通工人，然而，她们下岗后的结果却大不一样。

女工程师下岗了！这成了全厂的一个热门话题，人们纷纷议论着、嘀咕着。女工程师对人生的这一变化深怀怨恨。她愤怒过、骂过，也吵过，但都无济于事。因为下岗人员的数目还在不断增加，别的工程师也开始下岗了。然而，尽管如此，她的心理却仍不平衡，她始终觉得下岗是一件丢人的事。她整天都闷闷不乐地待在家里，不愿出门见人，更没想到要脚踏实地地做点儿事情，重新开始自己的人生。孤独且忧郁的心态占据了她的一切。她本来就血压高，身体弱，没过多久，她就带着忧郁孤寂地离开了人世。

另一位普通女工却大不一样，她很快就从下岗的阴影里解脱了出来。她想，别人既然能生活下去，自己一定也可以。从此以后，她抛掉抱怨和焦虑，平心静气地接受了现实。在亲戚朋友的支持下，她开起了一家小小的火锅店。由于她全力以赴地投入到了这项工作中，火锅店的生意十分红火，仅一年多，她就还清了借款。而且火锅店的规模已扩大了几倍，成了山城里小有名气的餐馆。

一个是智商高的工程师，一个是一般的普通女工，她们都曾面临着同样一个困境——下岗，但为什么下岗之后她们的命运却迥然不同呢？

科学与人生—品味文明人生

原因就在于：她们从一个岗位的平台上被迫跳下后，一个落在实地上，一个却始终浮在空中。

所以，只有平静地面对生活，把脚踏到实地上并全力以赴，才能迈着坚实的步伐一步一个脚印地走向成功。

第 **2** 章

拒绝浮躁的人生，坚守科学的道德

　　《三字经》说："人之初，性本善。"在古人的心里"好人"也就是所谓的君子——能够遵守道德，保持本性的人。在当今社会，人们不仅要守住自己的道德底线，更要坚守科学的道德，摒弃浮躁的人生。

第一节　急人之难，助人乃快乐之本

冷漠自私拉开了人与人之间的距离。一个过分在意自己的所有、无视他人困苦的人，终究会被社会抛弃。生活就像山谷回声，送出什么就得到什么。因此如果一个人有能力帮助别人的话，就请伸出援助之手，千万别选择冷漠。

乐于助人的回报

瑞士的一个小渔村里，有一个叫罗吉的少年，他是一个热心的小伙子，非常乐于助人。

一个漆黑的夜晚，巨浪掀翻了一艘渔船，船员们的性命危在旦夕。他们发出了求救信号，而救援队的队长正巧在岸边，听见了警报声，便紧急召集救援队员，立即乘着救援艇冲入海浪中。

当时，忧心忡忡的村民们全部聚集在海边祷告，每个人都提着一盏灯，以便照亮救援队返家的路。

两个小时之后，救援艇冲破了浓雾，向岸边驶来，村民们喜出望外，欢声雷动，当他们精疲力竭地跑到海滩时，却听见队长说："因为救援艇的容量有限，无法搭载所有遇难的人，无奈只得留下其中的一个人。"

原本欢欣鼓舞的人们，听见还有人危在旦夕，顿时都安静了下来，所有人再次陷入慌乱与不安中。

这时，来不及停下喘息的队长开始组织另一队自愿救援者，准备前去搭救那个最后留下来的人。

17岁的罗吉立即上前报名。他的母亲听到时，连忙抓住他的手，阻止说："罗吉，你不要去啊！10年前，你的父亲在海难中丧生；3个星期前，你的哥哥约翰出海，到现在也音讯全无啊！孩子，你现在是我唯一的依靠，千万不要去！"

看着母亲，罗吉心头一酸，却仍然强忍着心疼，坚定地对母亲说："妈妈，我必须去，如果每个人都说'我不能去，让别人去吧'，那情况将会怎么样呢？妈妈，您就让我去吧，这是我的责任。只要还有人需要帮助，我们就应当竭尽全力地救助他。"

罗吉紧紧地拥吻了一下母亲，然后义无反顾地登上了救援艇，和其他救援队员一起冲入无边无际的黑暗中。

一小时过去了，虽然只有一个小时，但是对忧心忡忡的罗吉的母亲来说，却是无比漫长的煎熬。忽然，救援艇冲破了层层迷雾，出现在人们的视野中，大家还看见罗吉站在船头，朝着岸边眺望，岸边的众人不禁向罗吉高喊："罗吉，你们找到留下来的那个人了吗？"

远远的，罗吉开心地朝人群挥着手，大声喊道："我们找到他了，他就是我的哥哥约翰啊！"

罗吉不顾母亲的劝阻，坚持去救援。令人倍感温馨的是，他救回来的竟是自己的哥哥！他的乐于助人使他得到了意想不到的回报。

现实生活中，有很多冷漠自私的人，他们不愿为别人着想，不愿帮助别人。在他们固有的思维模式中，认为要帮助别人自己就要有所牺牲。既然事不关己，何必为别人费心呢？其实别人得到的并非是自己失去的，相反，有时候别人所得到的也正是自己所渴望的。

助人者必得助

一个生活贫困的男孩为了积攒学费，挨家挨户地推销商品。

傍晚时，他感到疲惫万分、饥饿难挨，而他推销得很不顺利，以至于他有些绝望。这时，他敲开一扇门，希望主人能给他一杯水。开门的是一位美丽的年轻女子，她给了男孩一杯浓浓的热牛奶，令男孩感激万分。

许多年后，男孩成了一位著名的外科大夫。一位患病的妇女因为病情严重，当地的大夫都束手无策，便被转到了那位著名的外科大夫所在的医院。外科大夫为妇女做完手术后，惊喜地发现那位妇女正是多年前在他饥寒交迫时热情地给过他帮助的年轻女子，当年正是那杯热牛奶使他又充满了信心。

当那位妇女正在为昂贵的手术费发愁时，却在她的手术费单上看到一行字：手术费＝一杯牛奶。

道德是只讲耕耘不问收获的无怨无悔，是行好事不问前程的坚持和执着。然而，当人们把道德的光辉撒向别人的时候，往往也温暖了自己。正应了那句话：赠人玫瑰，手有余香。

一个人的能力虽无法同时帮助许多人，但是多个人的力量可以同时帮助一个人。一个人的能力即使不强大，只要有乐于助人的精神，他也会受到大家的欢迎。遭遇不幸的时候，身边也将有人无声地给予援助。

帮助别人就是在帮助自己

在一个寒风刺骨的冬夜，一对年事已高的老夫妇找到一家破旧的小旅馆。他们敲开大门要房间，却被小伙计告知旅店早已客满。

"这已经是我们寻找的第六家旅社了。这该死的天气，每到一处都是客满，这下我们该怎么办呢？"老夫妇失望地说，对着阴冷的大街直发愁。

善良的小伙子不忍心让这对老夫妇在外面挨冻，就对他们说："如果你们不嫌弃的话，今晚就暂时睡在我的床铺上吧，我自己可以打烊后去大厅里打地铺。"老夫妻非常感激。

第二天早上，这对老夫妇要照店价付客房费，小伙计拒绝了。老夫妇在临走时开玩笑地说："你的才能够得上当一家五星级酒店的总经理。"

两年后的一天，小伙子收到一封来自纽约的信，信中夹有一张往返纽约的双程机票，信中邀请他去拜访当年睡他床铺的那对老夫妇。

当老夫妇把小伙子带到纽约繁华的第5大街和第34街交会处时，他们指着那儿的一幢摩天大楼说："这是一座专门为你修建的五星级酒店，现在我们正式邀请你来当总经理。"

年轻的小伙子因为当年的一次举手之劳，无意之中改变了自己的人生。这就是著名的奥斯多利亚大饭店的经理乔治·波菲特的故事。小伙子因为给了老夫妇一次热心的帮助，从而得到了一家五星级酒店。

许多时候，帮助他人就是在帮助我们自己。而冷漠自私的人最后只会伤害到自己。

约翰是一个非常忠厚的小伙子，他独自住在一个小屋里，勤劳的他每天细心呵护着自己美丽的花圃。小约翰有很多朋友，其中要数汤姆跟他最要好。汤姆是个富有的磨坊主，他总自称是小约翰最忠实的朋友，所以他每次来到约翰的花园，都以最好朋友的身份拎走一大篮各种美丽的鲜花，在果蔬成熟的季节，还会带走很多水果。

磨坊主汤姆经常说："真正的朋友就应该分享一切。"然而他从来没有给过给小约翰任何回赠。

冬天来临了，小约翰花圃的花朵都枯萎了。"忠实的磨坊主朋友"却从来没去看望过孤独、寒冷、饥饿的小约翰。

磨坊主在家里发表他关于友谊的阔论："冬天去看小约翰是不合适的，人们困难的时候经常心情烦躁，这时候必须让他们拥有一份宁静，去打扰他们是不好的。而夏天来的时候就不一样了，小约翰花园里的花都开放了，我去他那采回一大篮子鲜花，这会使他多么高兴啊。"

汤姆天真无邪的儿子问他："爸爸，为什么不让小约翰到咱们家来呢？我会把我的好吃的、好玩的都分给他一半。"

没想到汤姆却被儿子的话气坏了，他怒斥孩子："如果小约翰来到我们家，看到了我们烧得暖烘烘的火炉、我们丰盛的晚饭以及我们甜美的红葡萄酒，他就会心生妒意，而嫉妒则是友谊的大敌。"

贪婪者不缺金钱、财富，然而其灵魂、精神却日趋贫穷。

想要获取，必先施与

有两位钓鱼高手一同到池塘垂钓。这两人均凭各自的本事大显身手，没过多久，皆大有收获。

这时鱼池附近已经不知不觉聚满了十多名看客。见到这两位钓鱼高手如此轻松就能把鱼钓上来，不由得感到十分羡慕，于是都去附近商店买了一些钓具想来试试自己的运气如何。可是，这些游客不善此道，费了很大劲也一无所获。

再说说那两位钓鱼高手，他们有着截然相反的个性。其中一人性格孤僻且不擅长与陌生人打交道，单享独钓之乐；而另一位高手却非常热心肠，他性格豪爽，爱交新朋友。热心的钓鱼高手看到游客钓不到鱼，心想独乐乐不如众乐乐，就说："这样吧！我把钓鱼的诀窍教给大家。如果你们觉得我的技巧还挺受用，并且钓到了很多鱼时，每钓到十尾就分给我一尾，不满十尾就无须给我。"游客们立即答应，双方一拍即合。

教完了第一批人，他走向另一群游客，同样也传授起钓鱼技巧，依然对他们说了老规矩，要求每钓十尾得到一尾的回馈。这位乐于助人的钓鱼高手把所有时间都用于指导兴致勃勃的游客们，一天下来，他竟然获得了满满一大筐鱼，还认识了那么多新朋友，那些受益的游客左一声"老师"，右一声"老师"，十分感谢他。

而另一位和他同来的钓鱼老手就没受到这么好的待遇了，他体会不到这种与他人分享的乐趣。当他的同伴在大家围绕下饶有兴致地传授钓鱼方法时，他形单影只地闷钓了一整天，最后点了点竹篓里的鱼，数量也远远没有同伴的多。

给予别人帮助的同时，对方往往也能对自己产生一定的益处，施与帮助的结果常常是双方受益。不愿意给人提供帮助的人，别人也不愿给予他方便。

自私的心态会拉开人与人之间的距离。一个只关注自己的收益，无视他人困难的人，终究是会被所有人抛弃的。要想获取，必先施与。明明是向人求助，但给人的感觉却是在为他们服务，顺水推舟，人情大卖，这是成功人士的为人技巧。所以，一个真正优秀而成功的人都会给自己这样一个做人准则：热心助人，做一个有热心、有良知的人。

生活中，有一些自私冷漠的人，在他们眼中，帮助他人就等于自己一定要有所牺牲，认为事不关己高高挂起，何必要为别人的事牺牲呢？其实不然，别人得到的并非就是你所失去的，帮助他人的同时也是在帮助你自己。

美国加利福尼亚州有一种树叫红杉，它的高度约达90米，相当于30层楼那么高。一般情况下，越是高大的植物，它的树根应该扎得越深，而红杉的根却只能浅浅地浮在地面。根基浅的高大植物理论上讲十分脆弱，一阵大风就能将它连根拔起。

红杉为什么长得那么高大，却屹立不倒呢？当然是因为红杉的生存原理与其他植物不同。红杉是以一个整体生长的，一大片的红杉树屹立在风中，无论是再大的风，也无法撼动几千株根部紧密连接、占地上千公顷的红杉林。除非强劲到足以将整块地掀起的风力，否则再也没有任何自然力量可以动摇红杉分毫。

红杉的生存原理提供了一个正确的启示：成功不能只靠自己的力量。成功更多地需要集结别人的力量，只有帮助更多人成功，才能得到更多的力量，那么你自己才能更成功。

有两个旅行者在寒冷的雪地里走着，忽见前方躺着一个人，看样子是被冻僵了。其中一位旅行者想停下来去帮助那个人，但他的同伴却认为这样耽误了自己赶路，于是自己丢下朋友上路了。这位有爱心的旅行者背起躺在地上的人，使尽浑身力气带着他往前走。由于背着人走路，加大了运动量，他的体温得以保持，而他的体温也使这个人的身躯温暖起来，冻僵的身躯能动了！两人并肩前行，当他们赶上那个旅伴时，发现他已经冻死了。

做人的互助原则是：在他人困难的时候伸出援手，别人也会在关键时刻助自己一臂之力。这看起来似乎是等价交换，然而，不管你是一个多么厉害的人，都不可能孤身一人鞭挞天下，因为人生中离不开与各式各样的人打交道。要想让别人帮助自己，就必须先付出同样的精力去关心别人、感动别人，这样才能获得别人的回报。

第二节　虚怀若谷，
谦虚是美德的良心

做最受欢迎的人

一家杂志社做了一项题为"最受欢迎的人和最不受欢迎的人"的社

会调查，结果列"最受欢迎的人"之首的是富有才干且为人谦虚的人：列"最不受欢迎的人"之首的是自命不凡、目空一切、好夸夸其谈的人。

这项调查充分显示出谦虚对一个人多么重要。尤其是刚进入社会的年轻人，如果不懂得谦虚，没有人会把成功的经验传授给你：如果刚学到一点儿皮毛就以为自己是行家里手、自以为是，那就很难达到成功的顶峰，也很难进入成功人士的行列。

仔细观察就不难发现，身边那些懂得谦虚的人，往往很容易受到人们的尊重，很容易被别人接纳，得到珍贵的友情。

一个谦虚的人，他不会竭尽全力地表现自己的优越感，只有不谦虚的人，才滑稽地以为自己可以对别人飞扬跋扈。殊不知，当一个人抛弃了谦虚而在别人面前夸夸其谈的时候，其实是在显示自己的无知和愚蠢。

一天，苏格拉底和弟子们聚在一起聊天。一位家庭相当富有的学生趾高气扬地面向所有的同学炫耀：他家在雅典附近拥有一望无边的肥沃土地。

当他口若悬河大肆吹嘘的时候，一直在其身旁不动声色的苏格拉底拿出了一张地图，然后说："麻烦你指给我看看，亚细亚在哪里？"

"这一大片全是。"学生指着地图扬扬得意地回答。

"很好！那么，希腊在哪里？"苏格拉底又问。

学生好不容易在地图上将希腊找出来，但和亚细亚相比，的确是太小了。

"雅典在哪儿？"苏格拉底又问。

"雅典，这就更小了，好像是在这儿。"学生指着地图上的一个小点说。

最后，苏格拉底看着他说："现在，请你再指给我看看，你家那片一望无边的肥沃土地在哪里？"

学生急得满头大汗，根本无法找到。他家那片一望无边的肥沃土地在地图上连个影子也没有。他很尴尬地回答说："对不起，我找不到！"

俗话说："山外有山，人外有人。"一个人总有自己不如别人的地方，没有必要时时刻刻摆出一副"老子天下第一"的姿态，那样只会引起别人的反感。一个自满的人就像一个装满东西的瓶子，是很难再装进别的东西的。而一个人只有在谦虚的时候，才能吸纳别人的见解。

傲慢失去未来

　　一天，一对衣着朴素的老夫妇来到哈佛大学校长办公室，在门外被秘书拦住了，等了几个小时后，才被允许见校长几分钟。

　　老妇人说："我们的儿子曾经在哈佛上学，但是他意外地死了，我们想在校园里为他留点纪念物……"

　　"对不起，我无法满足你们的要求，如果每一个在哈佛上过学的人去世之后都要在校园里留下纪念物，那校园不就成墓园了吗？"校长立即打断了他们的话，因为他见到老夫妇一副刚从乡下来的平民模样，便没了谈话的兴致，想尽快打发他们走。

　　老夫妇忙着解释说："不，我们的意思是捐建一座大楼。"校长不屑地望着夫妇俩，冷笑着说："你们知道捐一座大楼要多少钱吗？"他俩摇摇头。校长倨傲地说："至少750万美元。"老夫妇听完，不言语了。

　　过了一会儿，这对老年夫妻说："这笔耗费不是可以另开一所大学吗？我们何不建造一座自己的学校呢？"校长听了，以为他们在痴人说梦。老夫妇起身离开了。不久，他们在加利福尼亚州建立了以自己的姓氏命名的大学——斯坦福大学。

哈佛的校长自恃身份高贵而鄙视平民装扮的斯坦福夫妇，从一开始就以一种偏见和轻慢的态度，很不耐烦地与老夫妇谈话，他这一主动切

断沟通渠道的举动，同时也切断了斯坦福夫妇对哈佛大学的一笔无偿的巨额投资。

现实生活中，有些人自以为无所不通、无所不精，恃才傲物、好为人师，喜欢指出别人的错误，大肆表达和显示自己的意见，也喜欢在言语上指正别人的缺点。其实，当他喋喋不休的时候，别人早已对他厌恶极了。

一定要记住：越谦虚，就越容易得到别人的赞赏；越谦虚，就越容易得到别人的认同。

我们都知道，谦虚是一种美德，但真正的谦虚并不等同于虚伪--盲目夸大别人的成就而妄自菲薄，而是用客观的、忘我的眼光来审视自己和别人的优缺点，做出正确的判断。

美国心理学家卢维斯提出："谦虚不是把自己想得很糟，而是完全不想自己。"这就是著名的卢维斯定理，它告诉人们：首先，做人要谦虚，如果把自己想得太好，就很容易将别人想得很糟；其次，要把握好谦虚的尺度，谦虚不是把自己想得很糟。对自己不懂的或不够懂的要谦虚学习：对自己的本职工作要亲自完成的，并尽自己最大的努力去完成，不能因过分谦虚而失去自己显示才华的机会。

受自身各种因素的限制，人们往往看不到自己存在的缺点和不足。只有谦虚地听取别人的意见，才能知道自己的不足，就像人们不照镜子便看不到自己脸上是否有斑点一样。谦虚，意味着我们要正确地看待自己的优缺点，应该知道，在自己擅长的背后还隐藏着哪些弱点，然后将其改正和弥补。

有谁比我更清楚呢

鹰王和鹰后从遥远的地方飞到远离人类的森林。它们打算在密林深处定居下来，于是就挑选了一棵又高又大、枝繁叶茂的橡树，在最高的一根树枝上开始筑巢，准备夏天在这儿孵养后代。

鼹鼠听到这个消息。大着胆子向鹰王提出警告："这棵橡树可不是安全的住所，它的根几乎烂光了，随时都有倒掉的危险。你们最好不要在这儿筑巢。"

嘿，这真是咄咄怪事！老鹰还需要鼹鼠来提醒？这些躲在洞里的家伙，难道不知道老鹰的眼睛是最锐利的吗？鼹鼠是什么东西，竟然胆敢跑出来干涉鸟大王的事情？鹰王根本听不进去鼹鼠的劝告，立刻动手筑巢，并且当天就将全家都搬了进去。不久，鹰后孵出了一窝可爱的小家伙。

一天早晨，正当太阳升起来的时候，外出打猎的鹰王带着丰盛的早餐飞回家来，却发现那棵橡树已经倒掉了，它的鹰后和子女都已经摔死了。看见眼前的情景，鹰王悲痛不已，它放声大哭道："我多么不幸啊！我把最好的忠告当成了耳边风，所以，命运就对我给予这样严厉的惩罚。我从未料到，一只鼹鼠的警告竟会是这样准确，真是怪事！真是怪事！"

"轻视从下面来的忠告是愚蠢的。"谦恭的鼹鼠答道，"你想一想，我就在地底下打洞，和树根十分接近，树根是好是坏，有谁还会比我知道得更清楚呢？"

卢维斯定理对虚伪的"谦虚"作了解剖和否定，指出"谦虚不是把自己想得很糟"。按孔子的话说，就是要"知之为知之，不知为不知"。装傻和装蒜其实都不好，都缺乏"实事求是"的精神。那些"把自己想得很糟"的伪谦虚者，往往是陷入了这样的一个逻辑误区：如果把自己想得太好，相对而言就容易将别人想得很糟，就会招来别人的攻击或批评，说你傲慢或骄傲。也难怪，陷在这样的误区里就不敢把自己想得太好，宁可把自己想得糟些。但是这样的结果，真的就变得谦虚起来了么？也未必。很多人可能受到这种伪谦虚的劣根性影响，反而丧失了最本真最可贵的品德--探索和挑战的精神。

一位有着多年美国生活积累的教授曾经对美国的中学生和中国的中学生作了仔细比较后发现：在探索精神和创新精神方面，中国的中学生远远不如美国的中学生。可能是固有的传统陋习作祟，中国的中学生往往缺少上课反问老师和与老师争辩的勇气与举动，凡事都循规蹈矩、趋势附庸，看老师的眼色行事，生怕得罪了老师，内心缺少主心骨和独立见解。在这样的教学氛围里，很难出现什么脱颖而出的奇才。

没来由地或者过分地"把自己想得很糟",往往会使人产生自卑心理,乃至胆小、怯场、动辄脸红、说话娘娘腔、行动婆婆妈妈……总之很多灾难性的弊病都汹涌而来。因为,自信心丧失了,最根本的动力没有了。

那么真正的谦虚到底是什么呢?卢维斯是这样定义谦虚的:"是完全不想自己。"谦虚的尺度既然那么难以把握,要么把自己想得太糟,要么又把自己想得太好或者把自己估计得过高,那么卢维斯干脆让人们"完全不想自己",要人们忘却自己,进入一个全新的、忘我的精神境界。当一个人把自己的一切,包括得失、荣辱、成败等个人利益都暂时抛开一下,置个人的一切于度外,结果会出现什么奇迹呢?心胸顿时豁然开朗了,没有了拘束、怯场,也没有了做作、虚伪,把整个身心都投入到他人的身心中去了,他会是个诚实的观望者和虔诚的倾听者,步履轻盈自如地走进了他人的心灵……并且,他在努力寻找着与他人合拍、搭脉的共振频率,寻求着与他人的合作或同行。

第三节　宽人慈爱，
仁是道德的最高境界

"仁爱"是孔子思想的核心,是儒家思想最基本的价值。孔子认为,"仁"是一切美德的总称,"仁"的核心思想即为"爱人"。后世儒家学者对仁爱的具体义理不断做出新的诠释,构成了儒家仁爱思想。有学者认为,"仁者人也"包含了两方面的思想价值,即"人的自觉"和人道主义的精神。孔子以"仁"作为理论探讨的中心,在以人为本的哲学基础上开启了儒家人本理性的思维路向。

崇尚"道德高尚"是中华民族传统文化的精髓之一。翻开孔子的《论语》,还可以找到许多孔子教导弟子如何做一个有德行的人的"语录"。

比如，"弟子，入则孝，出则弟（悌），谨而信，泛爱众而亲仁"；比如，"为政以德，譬如北辰，居其所，而众星共之"，比如，"人而无信，不知其可也。大车无輗，小车无軏，其何以行之哉"。儒家如此，道家也如此。老子《道德经》中有一句名言："上善治水"。水的品性是最好的，它虽然只停留在低洼处，却能滋养万物而"惟不争"（与世无争）。所以，老子认为，要想修德养性，最好是向水学习。

"仁爱"是中华传统文化的核心价值观，是中华文化的人格理想和最高道德原则。仁爱思想特别注重促进人与人之间的和谐，调解人类社会中各种矛盾，维持一个平和安乐的社会秩序。中华民族正是在这种大爱大德的滋养中成长、繁荣、生生不息。人类社会，尤其是当今世俗社会，离不开这种纯真无私的大爱大德。

1968年，陈光标出生于安徽五河县的贫困农民之家。三十年后他竟然成了举世闻名的亿万富翁！不仅如此，此后他累计捐款14亿多元，成为无与伦比的中国首善。他"富而不骄，德富财茂"，连续五年荣获中国慈善领域政府最高奖项——中华慈善奖，两度获得"中国首善"称号，以后又荣获"中国低碳第一人""中国裸捐第一人"等称号。心灵至善的他可谓实至名归。

特别令人感动的是，2008年"汶川大地震"，恐怖的强震才过去2小时，陈光标就毫不犹豫地率领120名员工和由60台吊车、推土机、挖掘机等大型机械组成的救援队，从苏、皖两省急匆匆奔赴2千里之遥的四川灾区。他们夜以继日地于废墟中挖出灾民逾千人，救活131人。身先士卒的陈光标不顾危险与疲惫，在北川中学救出13名学生，还同员工一道，背、抱、抬出200多具遇难者的遗体……到当年6月底，陈光标的江苏黄浦再生资源利用有限公司为灾区捐赠785万元现金、60台设备、2300顶帐篷、2万3千台收音机、1500个电风扇、2000台电视机、170吨大米……总捐赠价值7300万元。2010年4月14日，青海省玉树县发生地震（7级以上），在西南抗旱23天的慈善家陈光标闻讯飞赴西宁购买21台中型机械设备后，日夜兼程奔赴玉树。他36小时未合眼，又患重感冒，在高寒的青藏高原上不顾呕吐三次，不管脚部溃烂，以冷水、饼干充饥。这样"自找苦吃"的富翁中国有几人？他为灾区带来了3000顶帐篷、500吨矿泉水、50台发电机等救援物资，公司组成的民兵连救出11人，4月20日他又以个人名义向玉树灾区捐赠1000万元。

宅心仁厚、慈善为怀的陈光标常说"人生在世，财产越多越要帮助别人，你才会感到快乐"。如果说陈光标是事业成功者，他的仁爱普通人无法企及，那么普通人就无须做好事，具有仁爱的思想吗？答案当然是否定的。

许月华来自湖南省湘潭市岳塘区板塘乡，是一位双腿高位截肢的残疾人，在福利院义务工作了37年。从1973年被湘潭市社会福利院收养开始，她用小板凳充当双腿做义工，含辛茹苦，一手带大了130多名孤残儿童。人们亲切地尊称她为"板凳妈妈"。

据福利院老书记姜印祥介绍，许月华1岁丧父，母亲带着她和姐姐改嫁。12岁那年，她眼睁睁地看着母亲因病无钱医治离开人世。仅仅过了3个月，许月华在铁路上捡煤渣补贴家用时，疾驰而过的火车瞬间碾碎了她的双腿。村里考虑到许月华的实际困难，开会决定送她到福利院。

当时的福利院条件极为艰苦，许月华和一名护理员、一名临时工，还有8个孩子拥挤在一间大房子中。平时她会帮忙照看一下孩子，在这期间，许月华勤劳、善良的本性开始显露出来。

"抱鸡婆"的说法在福利院里人人皆知，说的正是许月华的绰号。"许月华像一只正在哺育小鸡的鸡婆，大大小小的孤儿常常将许月华团团围住，"老书记姜印祥乐呵呵地说，"现在的人很难想象当时的情景。"

为了让单位少花钱又让孤残儿童穿得好，许月华有空的时候就埋头织衣服。对着书本图案，许月华学会了多种针织套路。方进说，他从小到大穿过10多件许妈妈亲手编织的衣服。

"基本上，每个孩子都穿过她编织的衣服。"姜印祥统计，至少1000件，厚厚的毛衣足有一辆货车那么多。

孔子说："仁远乎哉？我欲仁，斯仁至矣。"

"我们做不了什么伟大的事情，但是我们可以用伟大的爱去做小事情。"诺贝尔和平奖获得者塞尔维亚特蕾莎修女这样说。的确，我们也许做不了什么惊天动地的事，但是，做一个怀揣仁爱之心处处与人为善的人，应该不是什么为难的事。若如此，那就会成为"一个高尚的人，一个纯粹的人，一个有道德的人，一个脱离了低级趣味的人，一个有益于人民的人"。

仁爱，是冬日里的一缕阳光，给人温暖；仁爱，是炎夏时的一杯清茶，给人舒畅；仁爱，是沙漠里的一片绿洲，给人希望；仁爱，是一根根坚硬的柱子，支撑起人生的高楼大厦。

第四节　闻过则喜，
虚心听取他人的意见

倾听的力量

说话高手未必巧舌如簧，懂得倾听，懂得尊重别人，一样可以用三言两语打动对方，给对方留下好印象。倾听是一种礼貌，是一种尊敬讲话者的表现，也是对讲话者的一种高度赞美，更是对讲话者最好的恭维。倾听能使对方喜欢你、信赖你。汽车推销员乔·吉拉德被世人称为"世界上最伟大的推销员"。他曾说过："世界上有两种力量非常伟大，其一是倾听，其二是微笑。你倾听对方越久，对方就越愿意接近你。据我观察，有些推销员喋喋不休，因此，他们的业绩总是平平。

上帝为什么给了我们两个耳朵一张嘴呢？我想，就是要让我们多听少说吧！"当然，这个道理并非乔·吉拉德生来就知道的，因为不懂得倾听，乔·吉拉德曾为此得到过教训。

推销汽车并不是一件轻松的事情，乔·吉拉德花了近一个小时才让他的顾客下定决心买车，然后，他所要做的仅仅是让顾客走进自己的办公室，然后把合约签好。当他们向乔·吉拉德的办公室走去时，那位顾客开始向乔提起了他的儿子。

"乔，"顾客十分自豪地说，"我儿子考进了普林斯顿大学，我儿子要当医生了。"

"那真是太棒了。"乔回答。

两人继续向前走时，乔却看着其他顾客。

"乔，我的孩子很聪明吧。当他还是婴儿的时候，我就发现他非常的聪明了。"

"成绩肯定很不错吧？"乔应付着，眼睛在四处看着。

"是的，在他们班，他是最棒的。"

"那他高中毕业后打算做什么呢？"乔心不在焉。

"乔，我刚才告诉过你的呀，他要到大学去学医，将来做一名医生。"

"噢，那太好了。"

乔说。那位顾客看了看乔，感觉到乔太不重视自己所说的话了，于是，他说了一句"我该走了"，便走出了车行。乔·吉拉德呆呆地站在那里。下班后，乔回到家回想今天一整天的工作，分析自己做成的交易和失去的交易，并开始分析失去客户的原因。次日上午，乔一到办公室，就给昨天那位顾客打了一个电话，诚恳地询问道："我是乔·吉拉德，我希望您能来一趟，我想我有一辆好车可以推荐给您。"

"哦，世界上最伟大的推销员先生，"顾客说，"我想让你知道的是，我已经从别人那里买到车啦。"

"是吗？"

"是的，我从那个欣赏我的推销员那里买到的。乔，当我提到我儿子是多么的骄傲时，他是多么认真地听。"顾客沉默了一会儿，接着说，"你知道吗？乔，你并没有听我说话，对你来说我儿子当不当得成医生并不重要。你真是个笨蛋！当别人跟你讲他的喜恶时，你应该听着，而且必须聚精会神地听。"

从此以后，乔·吉拉德认真倾听别人说的话，很快，很多客户都喜欢上了他，都乐意在乔·吉拉德这里买汽车，因为他给人的感觉就是很值得信任。后来，乔·吉拉德成了世界上最伟大的汽车推销员。

古希腊有一句民谚说："聪明的人，借助经验说话；而更聪明的人，根据经验不说话。"还有一句名言："雄辩是银，倾听是金。"中国人则流传着"言多必失"和"讷于言而敏于行"这样的济世名言。这些都给了我们这样的建议：在和别人交往中，尽可能少说而多听。每个人都希望获得别人的尊重，受到别人的重视。当我们专心致志地听对方讲，努力地听，甚至是全神贯注地听时，对方一定会有一种被尊重和重视的感觉，双方之间的距离必然会拉近。当夸夸其谈却不顾别人的谈话时，这个人显然没有明白说话的艺术。只有最大限度地提高自己的倾听能力，才能真正提高自己的说话能力，才能让别人不知不觉地喜欢上我们。

虚心纳谏

贞观四年时，唐王朝出现升平景象，农业连年丰收，天下太平，盗贼不起。于是，许多大臣上书唐太宗李世民，请求封禅，即古代帝王祭告天地的大典。听取群臣的建议后，李世民决定赴泰山封禅。

魏征知道此事后，竭力反对，认为封禅时机尚未成熟。唐太宗很不高兴地质问魏征："众臣都同意封禅，为什么唯独你不同意？是不是你认为国家还不够安定，四方还没有臣服，而我的功德也不够高、不够深呢？"

魏征镇定自若地回答道："论您的功业，的确很高，但百姓受到的恩惠却还不够多；论您的德行，的确深厚，但恩泽却没有惠及所有的人。虽然现在天下太平，但财力并不充裕；虽然此时粮食丰收，但库存仍然空虚。所以，拿什么向天地报告功业呢？况且中原地带现在十分荒凉，若封禅时让随同庆贺的其他诸国看到我们的虚弱状况，也许会滋生他们的图谋中原之心。"

尽管李世民对魏征的反对举动非常气愤，但还是觉得魏征说得有道理。他自己也突然意识到：不能因为有点财力便骄傲自满、注重排场、不惜民力，这是懈怠和堕落的开始，不能掉以轻心，否则有可能威胁到江山社稷。封禅之事就这样被放下了，国家因此省了一大笔开销。

一代明君李世民正是抛开了个人的喜好和利益，单纯地去看事情本身，才采纳了魏征的意见。他演绎了什么才是虚心纳谏，即指针对问题本身去做出客观判断和正确反映，不是为了"虚名"而摆姿态。由此可见，虚心接受意见就是这么简单，"完全不想自己"让我们可以不受个人利益的左右和干扰。

然而在现实中，要真正地做到这一点是不容易的，利益、身体、社会关系等总是如影随形地跟着人们。怎么办？这就需要磨炼和决心，把自己的眼睛睁大，耳朵竖直，学习做一个观望者和倾听者。如果能够心静如水地做到观望和倾听，离一个真正的谦虚者、倾听者就不远了。

第五节　一诺千金，人无信而不利

一个明智的人一定会让良好的信誉把自己凸显得十分出色，不仅要有处世的智慧与能力，为人也要做到诚实和坦率。

　　信用，是一项彼此的约定，也是一种具有约束力的心灵契约。有时它无体无形，但却比任何法律条文都具有更强的行为规范。在竞争激烈的当今时代，信用更加成为赢得人生的重要法宝。

　　一个人如果希望闻名世界、流芳百世，他首先要获得别人对他的信任。一个人如果学会了获得他人信任的方法，真要比拥有千万财富更值得自豪。

　　但是，真正懂得获得他人信任方法的人真是少之又少。大多数人都无意间在自己前进的道路上设置了一些障碍，比如有的态度不好，有的缺乏智慧，有的不善待人接物，常常使一些有意和他深交的人感到失望。

　　有些人开始步入人生时，常常错误地以为一个人的信用是建立在金钱上的。一个有钱有势的人不一定有信用，因为再雄厚的资本，也不等于信用。与百万财富比起来，高尚的品格、精明的才干、吃苦耐劳的精神要高贵得多。

　　任何人若想人生成功，首先应该努力培养自己良好的名誉，使人们都愿意与你深交，都愿意竭力来帮助你。一个明智的人，一定会用良好的信誉把自己突显得十分出色，人不仅要有处世的智慧与能力，为人也要做到诚实和坦率。

　　有很多银行家非常有眼光，他们对那些资本雄厚，但品行不好、不值被信任的人决不会放贷一分钱；而对那些资本不多，但肯吃苦、能耐劳、小心谨慎、时时注意商机的人，他们则愿意慷慨相助。他们在每次贷出一笔款之前，一定会对申请人的信用状况研究一番：对方生意是否稳当？能否成功？只有等到觉得对方实在很可靠，没有问题时，他们才肯贷出款去。

　　任何人都应该懂得：人格是一生中最重要的资本。要知道，糟蹋自己的信用无异于在拿自己的人格作典当。

　　罗赛尔·赛奇曾说："坚定信用是成功的最大关键。"一个人要想赢得人家的信任，一定要下极大的决心，花费大量的时间，不断地坚持和努力才能做到。

　　老子有一句话："轻诺必寡信。"意思是说：轻易答应别人一件事，就一定没有足够的信用。没有信用的人，不会有朋友，也不会有事业上的成功。

比金钱更有价值的信誉

1835年，摩根先生成为一家名叫"伊特纳火灾"的小保险公司的股东，因为这家公司不用马上拿出现金，只需在股东名册上签上名字就可成为股东。这符合摩根先生没有现金但却能获益的设想。

很快，有一家在伊特纳火灾保险公司投保的客户发生了火灾。按照规定，如果完全付清赔偿金，保险公司就会破产。股东们一个个惊惶失措，纷纷要求退股。

摩根先生斟酌再三，认为自己的信誉比金钱更重要，他四处筹款并卖掉了自己的住房，低价收购了所有要求退股的股东。然后他将赔偿金如数付给了投保的客户。

这件事过后，伊特纳保险公司成了信誉的保证。

已经身无分文的摩根先生成为保险公司的所有者，但保险公司已经濒临破产。无奈之中他打出广告，凡是再到伊特纳火灾保险公司投保的客户，保险金一律加倍收取。

不料客户很快蜂拥而至。原来在很多人的心目中，伊特纳公司是最讲信誉的保险公司，这一点使它比许多有名的大保险公司更受欢迎。伊特纳火灾保险公司从此崛起。

过了许多年之后，摩根的公司已成为华尔街的主宰。而这位摩根先生正是美国亿万富翁摩根家族的创始人。

其实成就摩根家族的并不仅仅是一场火灾，而是比金钱更有价值的信誉。还有什么比让别人都信任自己更宝贵的呢？信任的基础是人们对彼此人品的了解与欣赏，是人与人之间无法用金钱来衡量的情谊。

科学与人生——品味文明人生

感人的信用

一个人，凭着良好的信用，可以创造历史，可以改变成败，甚至可以起死回生。

公元前4世纪的意大利，有一个名叫皮斯阿司的年轻人冒犯了国王，被判绞刑，几天后将在特定的日子中被处死。皮斯阿司是个孝子，在临死之前，他希望能与远在百里之外的母亲见最后一面，以表达他对母亲的歉意，因为他不能为母亲养老送终了。他的这一要求被告知了国王。国王被他的孝心所感动，允许他回家，但是他必须为自己找个替身，暂时替他坐牢。这是一个看似简单其实近乎不可能实现的条件。有谁肯冒着被杀头的危险替别人坐牢，这岂不是自寻死路。但茫茫人海，总有人不怕死，而且真的愿意替别人坐牢，他就是皮斯阿司的朋友达蒙。

达蒙住进牢房以后，皮斯阿司回家与母亲诀别。人们都静静地对望着事态的发展。日子一天天地过去了，皮斯阿司还没有回来，刑期眼看就快到了。人们一时间议论纷纷，都说达蒙上了皮斯阿司的当。行刑日是个雨天，当达蒙被押赴刑场之时，围观的人都在笑他的愚蠢，幸灾乐祸者大有人在。刑车上的达蒙面无惧色，慷慨赴死。

追魂炮被点燃了，绞索也已经挂在达蒙的脖子上。胆小的人吓得紧闭了双眼，他们在内心深处为达蒙深深地惋惜，并痛恨那个出卖朋友的小人皮斯阿司。但就在这千钧一发之际，在淋漓的风雨中，皮斯阿司飞奔而来，他高喊着："我回来了！我回来了！"这一幕太感人了，许多人还都以为自己是在梦中。这个消息宛如长了翅膀，很快便传到了国王的耳中。国王闻听此言，也以为这是谎言。国王亲自赶到刑场，他要亲眼看一看自己优秀的子民。最终，国王万分喜悦地为皮斯阿司松了绑，并亲口赦免了他的刑罚。

有人不重视信誉，认为那不如现实的利益重要。但不要忘记，一旦失去了它，谁还能得到现实的利益呢？千万要记住：信用是一个人通向成功的特制通行证。

契约精神

哥伦布在西方发现了"印度"之后，荷兰人又突发奇想：向北走能不能走到东方？于是他们的船队向北进发，最后被冻结在北冰洋里。18名荷兰船员在北冰洋度过了8个月的漫长冬季。他们拆掉了船上的甲板做燃料，靠打猎来取得勉强维持生存的食物。

8个人死去了。但荷兰船员却做了一件令人难以置信的事情，他们丝毫未动别人委托给他们的货物，而这些货物中就有可以挽救他们生命的衣物和药品。

春来冰开，幸存的船员终于把货物几乎完好无损地带回了荷兰，送到委托人手中。他们用生命作代价，守望信念，创造了传之后世的经商法则。靠着这种信誉，荷兰人赢得了"欧洲马车夫"的地位。

荷兰人的"契约精神"成就了荷兰的辉煌。对于社会中的个体来讲，"守信"同样是做人的根本。

言而无信的下场

《郁离子》中有这样一则故事，很能给人启发。

一位商人在过河时船被礁石撞破，他大呼救命，并向周围的

人许诺："谁能救我，我将付给他100两金子。"一个渔人救了
他。商人上岸后，只给了渔人10两金子。渔人很愤怒，责怪商人不
讲信用。商人则训斥渔人太贪婪。渔人只好作罢。后来，这个商人
在乘船时又遇上险情，他还像上一次那样呼救、许诺。这时，那位
渔人就在附近，但他没有去救商人，反而告诉周围的人："这个人
言而无信。"人们听了渔人的话，谁也不肯去救商人。结果，商人
被淹死在河里。

在这里，且不去讨论渔人的做法是否得当，但就商人的行为而言，
一个人不遵守承诺的后果是相当严重的。不遵守诺言，不仅不能得到他
人的帮助，甚至有可能连性命也丢掉了。

所以，诚信既是每个人自身修养的根本，也是取信于他人的必经之
路。如果想成就一番大事业，就应该把言而有信当作与人合作的首要原
则。

遵守诺言是一种美德，但是，在这个誓言越来越被看淡的时代，遵
守与别人的约定这种事似乎也变得越来越困难。我们可以把责任归咎于
社会的变迁与人心的变化，然而，这并不是我们可以失信于人的借口。
巴尔扎克的这句"遵守诺言就像保卫你的荣誉一样"，更加精确地指出
了遵守诺言对于人的重要作用。人不遵守诺言，究其根源，是因为有些
人对自己不负责任。能够遵守诺言的人，一定有稳定的性格和过人的耐
力，对自己的要求很严格。诚信是一个人的尊严，要是没有了诚信，将
会没有尊严。要是没有了尊严，不免遭到别人的嘲笑，就会身败名裂。
如果一个人没有了诚信，将会丢失许多。

一个人可以在某个时刻欺骗所有人，但不可能时时刻刻都欺骗所有
人。在你的周围，是否也有说话不算数的人？他们说好和你一起去做某
件事，却失约了。他们答应可以带来你一直寻找的书，结果忘得干干净
净。这样一来二去，你渐渐不相信他们，因为他们的承诺等于零。

对待自己许下的承诺，应当像对待生活中最重要的人一样认真，尽
你所能、全心全意地去完成它。遵守诺言是一种美好的品德，违背诺
言、不守信用的人得不到别人的尊重。

不重视被自己承诺的人，得不到别人的重视，也得不到别人的信任。那么，要怎么做才能"言而有信"呢？慎重地选择并坚守承诺是不二法门。做什么事都有可能会碰壁，因此，当我们准备许下诺言的时候，要非常谨慎小心地对待。尽量考虑到各种可变因素和偶发条件，以防突然发生某些情况，妨碍诺言的履行。尽管做出各种努力，有时意外条件还是会出现，造成不可能遵守某一诺言的情况，但是如果你重视这个承诺，你就应该设法去遵守，或者请求收回承诺。

第六节　将心比心，
传递道德的火炬

　　道德高尚的人仅仅做到洁身自好是不够的，还应致力于群体关系的洁净与和谐，进而实现全社会对于正义和正气的坚守与执着，让高尚道德具有社会性的批判力量和审美力量。

　　讲道德的人和人一起共事，一定都是很懂得坚持原则的，也就是俗称的按游戏规则办事。按规则办事，按道德规范为人，表面似乎损伤了利益，但从长远观点来看，道德是一把标尺，能够测量出一个人内心的善念。

道德藏在细节里

　　一家公司的女职员把公司的稿纸拿回去，给上小学的孩子当作业本用。而孩子老师的丈夫就是另一家公司的部门经理，该家公司正要与女职员所在的公司合作一个项目。当他无意中看到孩子的作业本竟是对方公司的稿纸时，他就想："这家公司的风气太坏了，这样的公司怎么能做好生意呢？"于是便中止了与该公司的合作计划。

别小看这些不值钱的小东西，它不仅能反映一个员工的职业操守和道德品质，也反映了这个公司整体的道德文化水平。对一个人来说，得了不该得的物质，也就失了不该失的道德；对一个公司来说，公司的整体竞争力也表现为公司整体的道德力。

古语说："勿以恶小而为之，勿以善小而不为。"许多人在职场打拼多年，没有取得成功，或许就是败在自己不良的职业操守上。这些人心安理得地占公司的便宜、揩公家的油，认为公家的便宜不占白不占。但是这些小动作所造成的伤害，远比你想象的要严重得多。然而，那些守住了道德，以德行事的人就真的吃亏吗？

道德的魅力

一个顾客走进一家汽车维修店，自称是某运输公司的汽车司机。

"在我的账单上多写点零件，我回公司报销后，有你一份好处。"他对店主说。但店主拒绝了这样的要求。顾客纠缠说："我的生意不算小，会常来的，你肯定能赚很多钱！"店主告诉他，这事无论如何也不会做。顾客气急败坏地嚷道："谁都会这么干的，我看你是太傻了。"店主火了，他要那个顾客马上离开，到别处谈这种生意去。这时，顾客露出微笑，并满怀敬佩地握住店主的手："我就是那家运输公司的老板。我一直在寻找一个固定的、信得过的维修店，我今后常来！"

面对诱惑，不怦然心动，不为其所惑，虽平淡如行云，质朴如流水，却让人领略到一种山高海深。这就是道德的魅力。

初创事业者，遵从道德，做一个有德者，是在为自己的人生奠基，一个事业有成者遵从道德，做一个有德者是为自己的人生添砖加瓦，为自己更大的成功储蓄力量。

得道多助，失道寡助

有一次，一个记者问华人首富李嘉诚的儿子李泽楷："你父亲教了你一些什么赚钱的秘诀？"结果李泽楷说，父亲关于赚钱的方法什么也没有教。记者觉得很吃惊："不可能吧！"李泽楷说："父亲从没教过我做生意的诀窍，只是教了我做人处世的道理。我父亲跟我说，你和别人合作，假如你拿7分合理，8分也可以，那我们李家拿6分就可以了。"

这是什么意思？他让别人多赚2分，所以每个人都知道和李嘉诚合作会赚到便宜，更多的人愿意和他合作。你想想看，虽然他只拿6分，但现在多了100个人，他现在多拿多少分？假如拿8分的话，100个会变成5个。所以他和任何人合作，伙伴都会越来越多。

一个人即使没有丰盈的家底、令人羡慕的家世，但只要品格高尚，他总会创造属于自己的价值。因为道德会闪烁出最耀眼的光芒，这就是一盏灯，照亮别人的同时，也会温暖自己。

道德的回报

很久以前，有一个穷苦的苏格兰农夫住在荒郊的茅舍里。他叫弗莱明。一天，他在田间耕作，忽然听见来自附近沼泽地的呼救声。他迅速跑了过去。看到一个受惊吓的男孩，泥沼已淹没到他的胸部。他在拼命地挣扎并大声呼救。弗莱明救起了这个本可能会死去的少年。

第二天，一驾华丽的马车来到了弗莱明家。从车上走下一位风度翩翩的绅士，自称是昨天被救的那个孩子的父亲。

"你救了我儿子的命，"他说，"我想报答你的恩情。"

"不，不，我不需要你的任何回报。"农夫说。

此时，农夫的儿子从屋里走了出来。

"这是你的儿子吗？"绅士问。

"是的。"农夫自豪地说。

"那好，我将提供给他和我儿子同样好的教育。"

"如果他有他父亲同样的美德，那么他就会成为一个你我都会为之骄傲的人。"

后来，弗莱明答应了这个绅士的请求，绅士将农夫的儿子送进了极好的学校。这个孩子后来毕业于伦敦圣玛丽医院医科大学。他就是因发明盘尼西林（青霉素）而闻名世界的亚历山大·弗莱明。

几年后，那位绅士的儿子得了很严重的肺炎。这次又会是谁来救他的命呢？盘尼西林！这位绅士的儿子就是英国前首相——温斯顿·丘吉尔！

道德回报是一定道德关系中的人们把利益作为对个体行为善恶责任所做出的一种特殊道德评价和调节方式，即社会中的组织和个人在自觉或自发地评价道德主体的行为动机和效果的善恶的基础上，对行为主体进行的物质、精神的奖励和褒贬。它是道德主体通过一定作用和影响的道德行为而获得相同性质和相同程度的奖惩和褒贬的道德过程。它分为赏善和罚恶两个方面，赏善是给那些实行道德的行为的道德主体以物质上的奖励和精神上的褒扬，罚恶是给那些实行不道德行为的道德主体以物质上的处罚和精神上的贬损。正如亚当·斯密所说："对我们来说，一个行为，如果它是感激恰当的和被人认可的对象，那么，该行为一定应受奖赏；而另一方面，一个行为，如果它是怨恨的不恰当的和不被人认可的对象，那么，该行为一定该受惩罚。奖赏是回报、是补偿、是以德报德，惩罚，也是回报、是补偿，只是方式不同，它是以眼还眼、以牙还牙。"

在人生的漫漫长河中，肯定会遇到许许多多的困难，我们所见到的某人现在的遭遇极有可能是你以后某个遭遇的一次提前彩排。但我们并不是都知道，佛经上有这么一段话："在前进的路上，搬开别人脚下的绊脚石，有时恰恰就是为自己铺路。"心疼别人，其实就是心疼我们自己，帮助别人，不也正是帮助我们自己吗？

第七节　千古流芳，
道德是灿烂的遗产

身体发肤，随着人的死亡就会腐朽，但是一个好的名声却能千古流传，甚至能够庇佑后世子孙。

很多老人走时，都会想办法给后代留下很多，诸如金钱、工厂、房子、关系……其实这些都不是最好的，最重要的。那么什么"礼物"最好呢？

好名声是最好的遗产

在美国一个叫比尔·盖瑟的人在印第安纳州的小镇亚历山大教书，结婚后他和妻子决定找一块土地建一所房子。他注意到镇子的南面有一块土地放牧着大量的奶牛，他打听到这块土地归92岁的退休银行家尤尔先生所有。但据说，尤尔先生在这一地区拥有大片的土地，却一块也不出售。他曾以同样的理由回拒了许多人："我已经答应了镇上的牧场主，这些土地供他们放牧使用。"尽管如此，他和妻子还是决定去拜访一下尤尔先生，碰碰运气。

一次他们找到了尤尔，进门后，尤尔先生打量了他们一眼，

科学与人生——品味文明人生

又接着看手中的报纸。他们说明来意后，尤尔先生毫不留情地就拒绝了。

"不卖！我已经答应把这块土地给那些牧场主做牧地了。"

"我知道，但我的家族世世代代都住在这里……"

尤尔先生噘起嘴，注视着他们，"你家世代居住在这里？"

"是的，先生。"他谨慎地回答着。

"你刚说你叫什么名字？"

"盖瑟，比尔·盖瑟。"

"噢，格罗弗·盖瑟和你有关系吗？"

"喔，先生，巧得很，他是我爷爷。"

这时，尤尔先生放下手中的报纸，摘下眼镜，脸上露出了笑容，说道："有意思。格罗弗·盖瑟曾经是我的农场里最好的工人，诚实、任劳任怨，干活很卖力。你想要那块土地是吗？哦，让我好好想想，你过几天再来吧。"

几天后，比尔·盖瑟再次来到尤尔先生的办公室。尤尔先生告诉他们已经估算过那块土地的价值了。"3800美元怎么样？你可以接受吗？"尤尔先生问道。

如果按每英亩3800美元算，他们差不多要支付6万美元，这和拒绝有什么分别呢？"3800美元？"比尔·盖瑟重复着。

"对，15英亩一共3800美元。"尤尔先生可能觉察出了他们的疑虑，强调着说。

他们知道这块地至少值这个数的三倍，于是比尔·盖瑟高兴地蹦了起来，走上前去，紧紧地握住了尤尔先生的手。

就这样，他们以较便宜的价格得到了这块土地，建起了自己的房子。

30年后，当比尔·盖瑟和儿子漫步在这块郁郁葱葱的土地上时，他对儿子说："儿子，你能在这块美丽的土地上快乐地长大，全都是因为你祖爷爷的好名声，好的名声比任何财富都耀眼，比任何珠宝更值得珍视。"

耳朵、眼睛、嘴巴和鼻子，都是不能思维的器官，都依靠人们的内心来指挥它们；身躯、四肢、头发和皮肤，随着人的死亡就会腐朽。但一定要有一个好名声千古流传。是啊，爷爷的好名声，为儿子、孙子日后带来了那么大的方便，这是他在世时所没有想到的，也是他留下的最好的东西。

永垂不朽的最高境界

　　春秋时期，有一次，鲁国的穆叔到晋国去，晋国的范宣子接见了他。在交谈中，范宣子问穆叔道："'人死了也不会朽'这句话是什么意思？"穆叔想了一会回答说："据我所知，最高的是德行上有所建树，其次是建立功业，再其次是树立言论。能做到这些，虽然死了，也永远不会被废弃的，这就叫作'三不朽'"。

　　每个人都想给子孙留下一些宝贵的东西。如果留下产业，也许后辈不善于经营；如果留下财物，可能会让后辈争夺，闹得自相残杀……如果留下了好品德、好作风、好家规、好名声，就会让后辈赢得别人的尊敬、依赖，从而使他们顺风顺水，给他们带来事业上、工作上、生活上的帮助。同时最重要的是他们也会努力去做个好人，留下好的道德传承，这样子子孙孙才能传承文明，幸福安康！

第 3 章

提升理性和感性，让哲学指导人生

哲学的根本目的应该是提高自己的感性认识和理性认识，学会认识自己，研究人生的意义，从而指明前进的方向。我们不是哲学家，但我们可以让哲学融入生活，指导人生。

第一节　尊重自由意志，
谁的人生谁做主

每个人的人生际遇都不尽相同，但是命运对每个人都是公平的，快乐与否往往就要看你是否能够磨炼出一颗坚强的心，一双智慧的眼，透过岁月的风尘去寻觅美丽的风景。在这个世界上，很多事情往往都需要依靠人们的一种自由意念去决定。换言之，在某件事情上，你认为它好，它就是美好的；你认为它坏，那它就很有可能糟糕透顶。所以，生活的真谛就在于一个人如何去看待它。

先迈出的那一步

作为第一个登月的太空人，阿姆斯特朗早就已经家喻户晓了。他的那句"我个人的一小步，是全人类的一大步"更是被整个世界所铭记。

然而，不得不提的还有阿姆斯特朗在那次登月事件中的一个同伴——奥德伦。或许，他扮演的是一个不折不扣的配角。而待遇的天壤之别竟然仅仅是因为这一小步。

那么，奥德伦会不会为此而感到不平呢？在登月成功的庆祝会中，有一个记者突然提出了这样一个问题："由阿姆斯特朗先迈出那一步，他成为万众瞩目的登陆月球第一个人。请问就你个人而言，会觉得遗憾吗？"

此话一出，全场一片静默，其实大家都想听听奥德伦的心里

科学与人生——品味文明人生

话。面对这个很敏感的话题，奥德伦并没有为自己叫屈，而是巧妙地回答："诸位，请不要忘记，从月球回来时，我可是先迈出太空舱的。所以，"他环顾四周，接着说，"我是从其他星球来到地球的第一人。"话一说完，在场的人都笑了，随之而来的是人们自发的掌声。

很多时候，正是一个想法左右了自己对某个事件或者对这个世界的看法。这个时候，换个角度，像奥德伦一样，调整好心态，让自己拥有正向能量，就会发现生活的美好。

在生活中，最糟糕的情况莫过于一个人总认为灾难马上就要降临，抑或者一件很平常的小事在他们眼中都是暴风雨。有些人总是让自由意志偏向悲观和绝望，看不到阳光，这仅仅是因为他们不愿意抬头！其实，很多我们恐惧的事情并没有真正发生。只要我们肯把握好自己的自由意志，将其转向积极和乐观，那么我们就会更具有能量，那些别人眼中的大风大浪我们也就更有能力去解决，甚至还会出现意想不到的奇迹。

自由意志可以创造奇迹

约翰有一个幸福的家庭，贤惠的妻子，刚学会走路的可爱的儿子。可是，这一切的美好都在一次车祸后消失了。

车祸使约翰陷入了深度昏迷，医生抢救了一天一夜，还是没有丝毫希望，最后医生宣布抢救无效，让其家人节哀。妻子哭得差点儿晕倒。幼小的儿子似乎还根本不知道爸爸怎么了，他用自己的小手握住爸爸的大手。过了一会儿，奇迹发生了，妻子惊奇地发现约翰的中指微微颤抖了一下。她发了疯一般地狂呼："他还活着！他还活着！医生！医生！"医生迅速为约翰进行治疗，在一次次的电击过后，约翰竟然真的有了微弱的心跳，他活过来了！

有时，人往往能够完全掌握自己的意志。纵使是在死神面前，如果我们能够把握住自由意志，也一样可以创造奇迹。约翰正是用一种强大的求生渴望为自己争取到了活着的机会，尽管那个机会很微小，但足以改变命运。

生命的质量往往取决于一个人的自由意志，如果能够时刻保持乐观的态度，不让困境和挫折影响自己的心情，专注于当下的努力，就能用心雕琢出自己快乐的灵魂。

哲学的原则是尊重真理，这里必然包含着对自由的崇拜。智慧没有标准答案，每一个经过苦苦挣扎得到的令人开心的结论都是智慧精神的体现。

自由意志不问出身

古希腊哲学家第欧根尼按照自己的内心，过着单纯自在的生活。他认为除了人生而就有的自然需要必须满足外，其他的任何物质需要和欲求都是需要怀疑的，对他来说，甚至都是无足轻重的。他强调禁欲主义的自我满足，鼓励放弃舒适环境。他居住在一只木桶内，过着乞丐一样的生活。关于第欧根尼有一则很著名的故事：

冬天清晨的阳光出奇地刺眼，第欧根尼的眼珠在眼皮底下骨碌碌转了两下，猛地睁开了。

"不错的早晨。"第欧根尼开心地对着空气说着，爬出了他的屋子。也许应该说得更准确一点：第欧根尼爬出了他居住的……木桶。

第欧根尼吃完他的早饭，把头伸到广场上的水池里喝了个水饱，然后靠着水池躺了下来。太阳暖洋洋地照在他的身上，第欧根尼舒服地眯起了眼睛。

可是很快阳光就被一片阴影挡住了。

"我能为你做些什么吗？"

第欧根尼睁开眼睛，一个身披紫色斗篷、目光炯炯有神的年轻人站在他面前，而在此人身后，是黑压压的人群。

"这是亚历山大大帝，马其顿皇帝，希腊的征服者。快起来向他行礼！你算是走运啦！"一个穿着金色铠甲的侍从在第欧根尼耳边说。

"第欧根尼先生，我能为你做些什么吗？"亚历山大俯下身子，微笑着又问了一次。

"能，"这个衣衫褴褛、肮脏邋遢的人懒洋洋地说，"请往边上站一点儿，你挡住了我的阳光。"

短暂的惊愕之后，亚历山大平静地说："假如我不是亚历山大，我一定做第欧根尼。"他知道，这世上，只有征服者亚历山大和乞丐第欧根尼是自由的。

在第欧根尼的价值观里面，看不出一点儿玩世不恭和消极厌世的情绪——恰恰相反的是，他对"德行"具有一种热烈的感情，他认为和德行比较起来，俗世的财富是无足计较的。而这种德行在他看来就是完全可以自我满足的一种价值观。他所追求的这种价值体现就是无害他人的自由，是从欲望中解放出来的自由：只要一个人对于幸运所赐的财物无动于衷，便可以从恐惧之下解放出来。在以第欧根尼为代表的犬儒主义者看来，享受权利从来不分乞丐与皇帝——如果你挡住了我所享受的阳光，那么请你让开。

第二节 切合实际，空想不等于理想

很多人都说自己是理想远大，而并非不切实际的空想，但他们恰恰忽略了一个重要的因素，那便是这个理想根据现实情况是切实可行的，但却不是适合自己的。

一个有理想的蚂蚁，是把自己变成最优秀的蚂蚁；一个有理想的狮子，是把自己变成最优秀的狮子。但是蚂蚁想变成狮子，那便是白日做梦痴心妄想了。

不切实际会导致两手空空

有一家子，有两个女儿，大女儿冷静聪慧，小女儿活泼伶俐。这年夏天，父母带着两个女儿来到海边度假。

刚刚住下，小女儿便吵着要去海边玩，母亲便拉着两个女儿一同前往。小女儿飞快地跑向海边，伸开双臂，深吸了一口迎面吹来的海风，内心的激动已经压抑不住。她光着脚丫触触海水，挽起衣袖，垒起沙堡，不一会儿，她又开始捡拾贝壳。

母亲丝毫不敢懈怠，担心小女儿调皮，于是让大女儿陪着小女儿捡拾贝壳。

海边的贝壳琳琅满目，数不胜数。小女儿东挑挑，西看看，总是兴奋地拿起一个，然后丢掉手里原本的那个。这个嫌不够美，那个又嫌不够俏。

海潮又献上了一些贝壳，她瞟了一眼，又没什么中意的。她翻起潮湿的泥沙，寻找着地下埋藏的"宝藏"。突然，一只小螃蟹从海滩的洞中爬了出来，不友好地对着她的手指来了一钳，她大叫了一声，紧捂着受伤的手指扑入母亲的怀中。

母亲带着两个女儿回到了住处。小女儿看着大姐满载而归的笑脸，再想想自己两手空空，看着隐隐传来痛楚的伤口，心里十分难过，忍不住哭了起来。

小女儿的哭声惊动了母亲。母亲便进屋来安慰她。母亲轻抚着她的额头，轻声安慰道："是不是因为看见姐姐满载而归、自己却一无所获而感到伤心？"

小女儿揉着微肿的双眼，点了点头。

母亲语重心长地说："你太心浮气躁了。你们两人去沙滩捡

科学与人生——品味文明人生

贝壳，姐姐满载而归，而你却一无所获，因为姐姐不会像珠宝商鉴定珠宝那样用挑剔的眼光审视每个她所看见的贝壳。她看见美丽的、可爱的，就会拾起来纳为己有。她不会只盯着一种或几种贝壳，各式各样的都多多少少地占有一些。她的目标是实实在在的。而你两手空空，寻觅许久却一无所得，因为你总想找一颗你心目中最美丽、最特别的贝壳，这种不切实际的幻想最后只能使你一无所获。"

爱默生曾经告诫过人们："把你的人生之车系在遥远的星辰上。"这并非指一个人的目标越远越好，而是说人生的目标应当像星辰一样，永远那样清晰闪亮，闪耀在头顶的天空。追求如大海行船，受灯塔指引，就能顺利到达目的地，若是被海市蜃楼所迷惑，则会迷失航向，不知所终。所以，切莫好高骛远，应该珍惜周围的事物，从自己的身边开始追求成功的契机。

老子曰："合抱之木，生于毫末；九层之台，起于累土；千里之行，始于足下。"荀况在《劝学》里说："不积跬步，无以至千里，不积小流，无以成江海。"一切远大的志向都是从基础开始的，一切目标都应是经过考虑、切合实际的。

注重"脚下的玫瑰"

有一位年轻人，在一家石油公司里谋到一份工作，任务是检查石油罐盖是否焊接完好。这是公司里最简单枯燥的工作，凡是有出息的人都不愿意干这件事。这位年轻人也觉得天天看一个个铁盖，太没有意思了。他找到主管，要求调换工作。可是主管说："不行，别的工作你干不好。"

年轻人只好回到焊接机旁，继续检查那些油罐盖上的焊接圈。既然好工作轮不到自己，那就先把这份枯燥无味的工作做好吧！

从此，年轻人静下心来，仔细观察石油罐盖焊接的全过程。他发现，焊接好一个石油罐盖，需用39滴焊接剂。

为什么一定要用39滴呢？少用一滴行不行？在这位年轻人以前，已经有许多人干过这份工作，从来没有人想过这个问题。这个年轻人不但想到了，而且认真测算试验。结果发现，焊接好一个石油罐盖，只需38滴焊接剂就足够了。年轻人在最没有机会施展才华的工作上，找到了用武之地。他非常兴奋，立刻为节省一滴焊接剂而开始努力工作。

原有的自动焊接机，是为每个罐盖消耗39滴焊接剂专门设计的，用旧的焊接机，无法实现每个罐盖减少一滴焊接剂的目标。年轻人决定另起炉灶，研制新的焊接机。经过无数次试验，他终于研制成功了"38滴型"焊接机。使用这种新型焊接机，每焊接一个罐盖可节省一滴焊接剂。积少成多，一年下来，这位年轻人竟为公司节省开支5万美元。

一个每年能创造5万美元价值的人，谁还敢小瞧他呢？由此，年轻人迈开了成功的第一步。

许多年后，他成了闻名世界的石油大王，他就是洛克菲勒。洛克菲勒羡慕"天边的彩霞"，但更注重"脚下的玫瑰"，所以他成功了。

在我们周围，存在着许多好高骛远的人。有的人大学一毕业就希望获得高薪，对找到的工作不甚满意，总是不断跳槽，而不愿去考虑如何做好眼前的工作；有的人希望能成为一位知名的成功者，却又不愿意付出努力，只是每天幻想能有"天赐良机"出现在他面前；有的人总是不断地制订计划，最初设想得十分完美，但是当真正行动起来时，才发现原来目标太大，计划只能变成空话；有的人天天梦想着自己能干一番轰轰烈烈、惊天动地的大事，对于一些常规性的工作却不屑一顾，认为做这些工作是委屈了自己，不能让自己的才能得到发挥……

这一切事实上都是不切实际的幻想，他们不断地追求着镜中月、水中花，整日做着不切实际的梦，这就注定了他们的失败。一屋不扫何以扫天下，拿幻想当理想的人注定一事无成。

从身边的小事做起

20世纪30年代是美国经济不景气的最高潮。狄特夫妇在南达科他州的一个不到八百人的小村里开了一家小小的药店。

刚从大学药学系毕业的狄特28岁，他的太太杜露丝24岁。虽然是对很美满的新婚夫妇，但长久依靠这份收益微薄的小生意，说不定他俩的幸福生活也会受到威胁。

于是，夫妇俩就开动脑筋，想拦住每天数以百计经过这座村庄的汽车，因为这样子，他们一定会增加收益。

他们想出十几种方法，加以筛选之后，实行了其中一个。

他们做了许多广告牌，沿着道路竖在路旁。牌上写着："免费招待很清凉的饮用水。南达科他州奥尔村药店。"

在欧美国家，免费供应饮用水的药店很多，而且这是每家药店的分内之事，但从来没有人这样堂而皇之地做过广告。夫妇俩以不平凡的姿态，抬出平凡的事情。凡是看见这广告的过路客，出于好奇或口渴，都会在狄特的药店门口停下车子。

广告牌的效果竟随着时间的推移获得效果。到了1950年，药店已发展到每天必须供应5000杯冷水，从业人员也增加到30人；店里的品目也增加到千种以上；而处方笺的调配，也日达数百件之多。

狄特夫妇想要改善自己的生意，并没有从不切实际的方面入手，相反的，从身边的小事做起，从一杯冷水做起，才有了他们之后的成功与幸福。想要让自己的理想早日实现，就应为之不懈努力，如果追求脱离实际，好高骛远，将会是两手空空。

每个人树立抱负和理想，既要基于现实，又要超越一般标准。太难和太容易的奋斗目标都不会激发人们去实施的热情。而对自身具有一定挑战性，同时又能使自己相信能够完成的目标，就是最完美的理想。

第三节 三省吾身，
在反省中正确认识自己

一个人眼睛不要总是盯着别人，重要的是要先认清自己，从反省中认识自己，从自知的镜子中了解自己的真面目。

曾有人抱怨说："我每天都在拼命地工作、工作，我一刻也没闲过，可如此努力为什么却总是不能成功？"

正如成功多是内因起作用一样，失败也多是自己的缺点引起的。一个人必须懂得不断反省和总结自己，改正自己的错误，才不会老在原处打转或再次被同一块石头绊倒；人只有通过"反省"，时时检讨自己，才可以走出失败的怪圈，走向成功的彼岸。

所谓"反省"，就是反过身来省察自己，检讨自己的言行，看自己犯了哪些错误，看有没有需要改进的地方。

自省的原因

人为什么要自省？这里有两个方面的原因，一个方面，是主观原因，人都不可能十全十美，总会有个性上的缺陷或智慧上的不足，而年轻人更缺乏社会历练，因此常会说错话、做错事、得罪人；另一方面，是客观原因。现实生活中，很多人是只说好话，看到有人做错事、说错话、得罪人也故意不说，因此，这就更需要自己通过反省来了解自己的所作所为。

　　曾经有一个人很不满意自己的工作。他愤愤地对朋友说："我的领导一点儿也不把我放在眼里。改天我要对他拍桌子，然后辞职不干。"

　　"你对那家贸易公司的业务完全弄清楚了吗？对于他们做国际贸易的窍门完全搞通了吗？"他的朋友反问。

　　"没有！"

　　"我建议你好好地把他们的一切贸易技巧、商业文书和公司组织完全搞通，甚至连怎么修理复印机的小故障都学会，然后辞职不干，"他的朋友建议，"你把他们的公司当成免费学习的地方。什么东西都通了之后，再一走了之，不是既出了气，又有许多收获吗？"

　　那人听从了朋友的建议，从此便默记偷学，甚至下班之后还留在办公室研究写商业文书的方法。

　　一年之后，那位朋友偶然遇到他。

　　"你大概多半都学会了，可以准备拍桌子不干了吧？"

　　"可是我发现近半年来，老板对我刮目相看，最近更总是委我以重任，又升官、又加薪，我已经成为公司的红人了！"

　　"这是我早就料到的！"他的朋友笑着说，"当初你的老板不重视你，是因为你的能力不足，却又不努力学习。而后你痛下苦功，进步神速，当然会令他对你刮目相看的。"

　　生活中，很多人失败之后怨天尤人，就是不在自己身上找原因。其实，一个人失败的原因是多方面的，只有从多方面入手找出失败的原因并有针对性地进行自省，才能起到纠错的作用。

　　　　§ 是否骄傲自满；

　　　　§ 是否敢于向困难挑战；

　　　　§ 选定的目标是否合适；

　　　　§ 有没有尽可能地发掘潜力；

　　　　§ 会不会协作双赢；

§ 敢不敢打破"框框";

§ 是否注意处处提防陷阱。

类似以上七条的问题还有很多,需要我们不断地加以反省和总结。海涅说得好:"反省是一面镜子,它能将我们的错误清清楚楚地照出来,使我们有改正的机会。"

反省自己的方法

要以"自知"的镜子来反照自己。若要了解自己行为的得失,则必须用"自知"的镜子来自照。反省如同一面明镜,在反省的明镜中,自己的本来面目将显现无余。一个人的眼睛不要总是盯着别人,重要的是要先认识自己,从反省中认识自己,从自知的镜子中了解自己的真面目。

此外,要有悔改的勇气。一个人有过错不要紧,只要能改过就好,如果有过错而不肯改这就是大过,是真正的过错。有些人犯了错,却不肯承认,因为他怕因此而失了面子。如果能够消除傲慢的习气,就会生起悔过自新的勇气来。时常反省自己的过失,发现了错误,就要及时改正,痛痛快快、切切实实地做事。比如,害了盲肠炎的病人,一定要把那段肠割掉,以除后患。一个人有了过失,也要用反省、忏悔的快刀把它切除。

今天有了过错,如果没有反省,明天还会照样犯。若能及时反省自己,知道犯错的缘由,随即改正过来,那么,以后就不会再有类似的过错。

人对待错误的正确态度应该是及时从中吸取教训,总结经验,亡羊补牢,将功补过,而不是过多地自我谴责,自我责备。英国有句谚语:"不要为打翻的牛奶而哭泣。"意即你去为已经无可挽留的损失而哭泣只会浪费你的好心情,聪明的人是会反省错误,之后吸取教训,然后坚毅地忘掉不幸,以更大的劲头、更热忱的心态去弥补损失,而不是过多的自责。

通过伟人的力量不断激励自我反省自身,更是一个人奋发向上、不断进取的外在动力，从而鞭策自己不断走向成功。

一个人的品格力量往往会激发别人的品格力量。它会产生共鸣，这是人类发生影响的重要媒介之一。一个充满激情、精力充沛的人不知不觉地会带动周围的人。这种样板是极具感染力的，它迫使人家去效仿。他产生一种活力，通过每一根神经来传导兴奋，最后使他们释放出火花。这就是伟人的力量！

悬挂在房间里的一个高尚的或一个善良的人物肖像，或许也可以是我们的同伴。他给我们一种更为密切的个人的情趣。看着他的身形，我们似乎对他更多了一分了解，关系也更为密切。它把我们和一个比我们高尚、比我们优秀的人联系起来。尽管我们可能远远达不到这个偶像的水平，但是，由于他的画像时时悬挂在我们面前，在一定程度上，我们在不断地向他接近，在完善自我。

福克斯曾经很自豪地谈到了伯克的言谈举止对自己的深远影响。有一次，福克斯谈道："如果他把从书本上学到的有关政治的所有知识、从自然科学中学到的一切东西和从日常生活中所获得的知识放进一个天平盘，把从伯克的言谈和教诲中学到的东西放进另一个天平盘，后者将会在重量上占绝对优势。"

阿诺德博士的传记曾经谈到他对年轻人所产生的这种影响，他说："震撼他们心灵的、使他们如此狂热地崇拜的不是他的真正的天才、渊博的学识及雄辩的口才，而是一种让人产生共鸣的活力，它来自于在生活中正在发生作用的一种精神——这种作用是健康的、持久的，它不断发生作用是由于人们对神的敬畏——这种作用根源于一种深深的责任感和价值感。"

由于伟大人物所产生的这种力量，会唤醒人们的勇敢、激情和忠诚。通过伟人的力量不断激励自我反省自身，更是一个人奋发向上不断进取的外在动力，从而鞭策自己不断地走向成功。

一个好的榜样能影响一大批人。榜样就是一颗颗火星，一旦把这些火星遍布人间，这些星星之火就会形成燎原之势。塞缪尔·杜威就断言是在读了本杰明·富兰克林的动人传记之后，才形成他的生活习惯，尤其是商业习惯的。因此，我们不能说一个好的榜样自身的力量在某一点上已经消失了，不能说榜样的力量仅仅囿于书本。我们应该读最好的书，效法最好的榜样，不断地完善自己。

别在批评与责备中放弃自省

能承认自己的错误、对别人的批评能虚心接受并反省自己的人，就会获得他人的尊重，自己同时也会获得不断的提高。

当别人对自己的错误行为进行批评与责备时，自己唯一正确的态度是诚恳并爽快的承认，这不仅是获得别人原谅的最好方法，更有利于自身错误缺点的改正，从别人的批评教育中得到反省，从而使自己不断地进步。

卡耐基常常带宙斯到他家附近的一座森林公园散步。宙斯是他养的一只小波士顿斗牛犬，它是一只友善且不伤人的小猎狗。因为在公园里很少碰到行人，卡耐基常常不替宙斯系狗链或戴口罩。

有一天，卡耐基和他的小狗在公园遇见一位骑马的警察。这位警察好像迫不及待地要表现他的权威。

"你为什么让你的狗跑来跑去，不给它系上链子或戴上口罩？"他申斥卡耐基，"难道你不晓得这是违法的吗？"

"是的，我晓得，"卡耐基回答，"不过我认为它不会在这儿咬人。"

"你认为！法律是不管你怎么认为的。它可能在这里咬死松鼠，或咬伤小孩子。这次我不追究，但假如下回我再看到这只狗没有系上链子或套上口罩在公园里，你就必须去跟法官解释。"

卡耐基客客气气地答应遵办。

可是宙斯不喜欢戴口罩，卡耐基也不喜欢它那样，因此他决定碰碰运气。事情起初很顺利，但接着却碰到了麻烦。一天下午，他们在一座小山坡上赛跑，突然又碰到了一位警察。

卡耐基决定不等警察开口就先发制人。他说："警官先生，这下你当场逮到我了，我有罪。我没有托词，没有借口了。上星期有警察警告过我，若是再带小狗出来而不替它戴口罩就要罚我。"

"好说，好说，"警察回答，"我晓得在没有人的时候，谁都忍不住要带这么一条小狗出来玩玩。"

"的确是忍不住，"卡耐基回答，"但这是违法的。"

"像这样的小狗大概不会咬伤别人吧。"警察反而为他开脱。

"不，它可能会咬死松鼠。"卡耐基说。

"你大概把事情看得太严重了，"他告诉卡耐基，"我们这么办吧，你只要让它跑过小山，到我看不到的地方——事情就算了。"

卡耐基感叹地想，那位警察也是一个人，他要的是一种重要人物的感觉，因此当他责怪自己的时候，唯一能增强他自尊心的方法，就是对他的批评表示出尊重。

卡耐基处理这种事的方法是，不和他发生正面交锋，承认他的批评绝对没错，自己绝对错了，并爽快地、坦白地、热诚地承认这点，整件事就在和谐的气氛下结束了。

事实告诉人们，即使傻瓜也会为自己的错误辩护，但能承认自己错误、对别人的批评能虚心接受并反省自己的人，就会获得他人的尊重，自己同时也会获得提高。若自己是对的，就要说服别人同意；若自己错了，在别人批评自己时，就应很快地承认。

第四节　存在即是被感知，
巧用精神的力量

许多人由于缺乏精神的力量，故而在这个世界上不能有所作为。在他们的意识中，似乎从来就没有想到过要独立地去行动。如果有人推他们一下，让他们运动起来，他们或许还能继续向前移动；但他们从来无法迈出第一步——他们根本没有原动力。许多人在人生的旅途中就这样被甩在了一边，倒不是因为他们缺少能力，而是由于他们缺少精神的动力。这是致命的一点，由此他们的能力也无从发挥。他们拥有力量，但是很明显，他们没有能力去运用这种力量。很多人被改善自己处境的愿望驱策前进。

有许多侨民，在最初踏上美国这片国土的时候，受教育程度并不高，语言也不通，既没钱又没朋友，是贫困的压力启动了他们内在的潜能，激发了他们的智慧。他们为生存为发展而努力，最终获得了优越富裕的地位，使千万个有钱财、有机会并受过良好教育而无成就的本土青年羞愧得无地自容。

潜在的智慧是在抵抗困难中获得的，伟大都是在跟困难的搏斗中产生的，不在困难阻碍中奋斗，要想锻炼出能耐来，是不可能的。一个生长在优越环境中，从小就被溺爱的人，很难激发起自身的潜能，也是很难取得成就的。所以说贫困有时可以激励人、锻炼人、成就人。

试想，假使一个人不被生活强迫着去做工作，他将怎样呢？假使不用劳动就可以获得他所要的东西，他将怎样呢？假使他已经得到了他所要的东西，他还肯奋斗吗？人们咒骂贫困，要摆脱贫困，但人们还应该感谢贫困，因为贫困能激发起人的巨大潜能。

没有比心更高的山峰

富兰克林·罗斯福被公认为是美国历史上身体最健康、意志最坚定的领导人。但是，这位政治家并非"生来如此"。小时候的罗斯福有十分严重的哮喘病，虚弱得甚至无法吹灭床边的蜡烛。回忆童年，罗斯福总会这样形容自己："一个体弱多病的男孩"和"一段悲惨的时光"。小罗斯福视力很差，身体异常瘦削，他身体的状况糟糕得让他的父母不敢肯定他是否还可以活下去。不过，罗斯福还是活了下来——靠的是自我激励！

　　小罗斯福是个瘦弱胆小的男孩，每个人看见他，见到的总是满脸的惊恐的表情。天生容易紧张的小罗斯福，每次被老师叫起来背诵课文时，他总是紧张得全身发抖，说话断断续续且含糊不清。一般小朋友如果像他这种情形，一定会拒绝各种活动，也会越来越离群索居，不交朋友，只知顾影自怜，唉声叹气。然而，小罗斯福并没有这样，虽然容易紧张，但对于自己的缺陷，他能积极地面对，即使同伴们嘲笑他，他也不以为意，就像他面对紧张时嘴唇的颤动一样，坚定地说："只要我用力地咬紧牙床，阻止它们颤动，不久我就能克服紧张的情绪了！"

　　小罗斯福每一天总是坚定地自我激励说："我一定要成为一个坚强的人！我一定要成为一个出色的人！"当他看见其他小朋友活力十足地参与各种体育活动时，便强迫自己也要参加，不管体力是否能够负荷，每个人从他的眼神里都可以看见他坚定地想要成功的决心。而当恐惧产生时，他会自我激励说："我一定行！"慢慢地，他克服了怯懦，也克服了身体上的局限，不屈不挠的精神让他勇于面对任何可怕或困难的事。

　　相貌平平的罗斯福也很喜欢交朋友，他总在不断地告诉自己："交朋友是一件很快乐的事，只要我用快乐的态度与人交往，即使本身外在形貌很差，人们仍然愿意与我相交，因为每个人都喜欢快乐！"不言而喻，每个和他接触过的人都喜欢他的热情、自信，都喜欢和他交朋友。

　　高中前，罗斯福的身体已经很强壮了，但罗斯福并没有停止自我训练的脚步。他不断地激励自己说："以后还有更漫长、更艰辛的路要走，这需要旺盛的精力、健康的体魄。而这一切，源于每天的锻炼。我一定要坚持锻炼！我一定要成为一个身体最棒的人！"接下来的日子里，无论学习有多忙、工作有多累，罗斯福都会抽出一定时间锻炼身体。

　　罗斯福对自我的激励贯穿了他的一生，也融入了他的日常活动中。即便是在总统任职期间，他仍然坚持自己的实践训练。在他入住白宫的那些日子里，就像罗斯福自己所说的那样："我总是在下午尽量抽出几个小时进行体育锻炼——打网球、骑马，有时也行走在崎岖的乡间小路上。"在给朋友的一封信中，罗斯福写道："今天上午，在白宫接待处，我与6000个人握手；下午，我与4个孩子以及他们的十几个表兄弟和朋友们一起痛快地骑马2小时。我们跨越栅栏，穿过山丘，一起在平地上飞奔。"

没有比脚更长的道路，没有比心更高的山峰。罗斯福正是凭着这种奋斗精神与自信，通过不断地自我激励，终于穿越了人生路上的沼泽地，征服了人生路上的最高峰，成为美国当时最坚强、最出色的政治家，荣获"诺贝尔和平奖"……

德国人力资源开发专家斯普林格在其所著的《激励的神话》一书中写道："强烈的自我激励是成功的先决条件。"著名的美国民权运动领袖马丁·路德·金也说过："世界上所做的每一件事都是抱着希望而做成的。"事实上，正是这种高度的自我激励精神使罗斯福战胜了自我，征服了苦难，坚定不移地朝着自己的目标不断前进，最终，他确实实现了自己的目标。

自我激励的力量确实是无穷的。美国哈佛大学的威廉·詹姆斯曾研究证实：一个没有受过激励的人，仅能发挥其能力的20%~30%，而当他受到激励时，其能力可发挥至80%~90%，即一个人在通过充分的激励后，所发挥的能相当于激励前的3~4倍。

1991年，一个名叫坎贝尔的女子徒步穿越非洲，不但战胜了森林和沙漠，更通过了400公里的旷地。当有人问她为什么能完成这令人难以想象的壮举时，她回答说："因为我说过我能。"问她对谁说过这句话，她的回答是："对自己说过。"

激励可以激发人们潜在的能力，还可以帮助人们战胜挫折。人的一生不可能不碰到一些困难与不顺心的事，承受压力与挫折。对待这些困难与危险，就需要不断地给自己打气，激励自己不断地前进。只有这样，才能真正地直面困难，登上成功的巅峰。

运用潜意识获取成功

金·凯瑞下定决心一定要成功，他就运用潜意识的力量。有一天，他拿出一张空白支票，上面写着："这个支票要付给金·凯瑞1000万美金，在1995年底，要拥有1000万美金的现金。"他开了一张支票，后来就把这张空白支票携带在他自己身上。每天有事没事的时候，就把这张1000万美金的支票拿出来看——"金·凯瑞得到1000万美金，在1995年年底""金·凯瑞得到1000万美金，在1995年年底"……每天这样看。很巧的是，在1995年，金·凯瑞从事电影事业的第二年，他得到一个契约，高达2000万美金的一部片子，超过他原来的期望。

后来他的父亲过世，金回到父亲的墓地旁边，把那张空白支票签上自己的名字摆在他父亲的旁边，他说："父亲，我终于成功了！"

潜意识的力量无所不能，任何一个成功的人都运用过潜意识的力量，不妨你今天再一次把你的梦想贴出来！

潜意识中包含有一个意识领域。在这个领域中，经由任何一种身体器官转达至意识的每一种思想行动都被加以分类和纪录。从这个领域可以将思想找出或者放回，如同从档案柜中取放文件一般。

潜意识是日夜工作的。通过人所不知的一种程序方法，潜意识向无穷的智慧吸取力量，自动地将一个人的欲望转变为等价的物质。

一个人不可能完全控制自己的潜意识，可将自己所希望实现的计划、欲望或目的自动地交给潜意识。

有充分的证据支持一种观念，那就是：潜意识是人的有限心智与无穷智慧之间联系的环节。它是中间的媒介，人通过它，可随时吸取无穷智慧的力量。只有它具有将心智的行动修正的功能及将其转变为等价物质的秘密程序。

第五节 优势哲学，
让优势成为成功的资本

只要人们能发现自己的优势，倾注全力地培养自己的优势，那么这些优势将得到突飞猛进的发展，人生将是无往而不胜的。

优势就是力量，它是一个人信心的来源和人生之路选择的条件。你除了拥有你的优势外，不可能再拥有别的东西，你的优势是你成功的要素和主力。

如果你没有观察能力和写作能力，却要当个作家，那将导致择业失败。要成功，就必须充分地发挥自己的优势。

找到自己的优势

在一片美丽的草原上，有一只鸭、一条鱼、一只老鹰、一只猫头鹰、一只松鼠以及一只兔子。它们一致决定要办一所学校，好让大家都能更聪明，就像人类一样。

凭借一些年事较长的动物们的协助，它们设计出一套课程，相信可以训练出全能的动物。这些课程包括跑步、游泳、爬树、跳跃、飞行。

开学的第一天，小兔子仔细梳好了耳朵上的绒毛，便蹦蹦跳跳地去上跑步课了。

它在班上简直就是一颗明星。它铆足全力尽快地奔上小丘又回来，实在感觉棒极了。它高兴地跟自己说："简直不敢相信！我

科学与人生—品味文明人生

居然可以在学校里做我最擅长的事。"

老师说道："小兔子，你确实拥有跑步的天分。你的后腿肌肉强健，再多加训练，你能跑得更快些。"

兔子说："我好爱上学噢！我可以在学校做我喜欢的事，而且可以通过学习做得更好。"

在爬树课上，它们把树干倾斜三十度，这样大家才比较容易爬得上去。小兔子非常卖力，以致弄伤了腿。

上跳跃课时，兔子表现不错。到了飞行课，它碰到了麻烦。老师为它做了心理测验，发现它需要接受基础飞行训练。

接受基础飞行训练时，兔子必须练习从悬崖边缘跳下去。它们告诉它，只要努力，就一定可以成功。

第二天早晨，它又去上游泳课。老师说："今天我们要跳水。"

兔子一闻到漂白粉的气味，就说："等等！兔子可不爱游泳。"

老师说："你也许现在不喜欢，可是再过五年，你就知道学会游泳有多好了。"

"等一下，昨天我和我爸妈讨论过游泳课的事。它们从来不学游泳，我们兔子不喜欢把自己搞得湿湿的。我要退出这门课。"

老师说："你不能退出，加、退、选课程的时期已经过了。现在你只有一个选择：跳下去或是被淘汰掉！"

兔子只好跳下水去。可是它立即就惊慌失措，它沉了下去，水中浮出了气泡。老师看它真的快淹死了，只好把它拉上来。其他的动物可从来没见过比一只湿兔子更可笑的事了，它看起来就像一只没有长尾巴的老鼠，于是大家笑得东倒西歪、前仰后合。兔子这一辈子都没有受到过这样的羞辱。它一心只盼早点下课，放学时，它真的很高兴。

它回家时，心中相信父母一定会了解它，而且能帮助它。它一进门，就告诉父母："我讨厌上学，我只想能够自由自在。"

"你一定得拿到证书，才能为兔子争光！"它们回答说。

小兔子说："我不想要证书。"

父母回答它："不管你想不想，都得把证书拿回来。"

它们起了争执，最后，爸爸妈妈终于把小兔子送上了床。第二天早上，兔子去上学时，跳得十分迟缓。接着，它记起校长曾经说过，有什么问题，都可以去请教辅导老师。

它一到学校，就直接蹦上了辅导老师身旁的一把椅子上，大声说道："我讨厌上学。"

辅导老师说："为什么？"

于是，兔子把经过说了一遍。

辅导老师说："小兔子，我了解你的意思，你说不喜欢学校，其实是因为你不喜欢游泳。我想我的判断不会错。让我告诉你，你应该怎么办。你的跑步很好，根本不需要再练。你需要的是把游泳练好。我会安排你不用再上跑步课，两节都上游泳课。"

兔子听到这里，更加沮丧。

兔子离开辅导室时，抬眼看到它的老朋友，智者猫头鹰。智者昂头说道："小兔子！人生实在不必如此。我们应该建一些学校让人们可以专心做自己擅长的事。"

小兔子受到了这句话的启发。它希望自己毕业后，可以开创一番事业，让兔子可以专心地跑，松鼠专门爬树，鱼儿只管游泳。它一面跃过草原，一面轻叹自语道："那会是个多棒的地方啊！"

只要看看四周，就知道是怎么回事了！大多数的公司、学校、家庭以及各种机构都遵循一条不成文的定律：让我们努力发挥优势，不用去理会缺点。

人人都有这样的想法，那就是：能改正一个人的缺点，他就会变得更好；能修正一个公司的缺点，这个公司也就更优秀。只要能改正所有的缺点，就万事大吉了。可悲的是，这种推断是完全错误的。改正一个人或一家公司的缺点，只能造就一个平常或平凡的人或公司。

譬如写一篇文章，如果所有的拼字文法都正确无误，这篇文章就应该得A吗？当然不是！写出了一篇零缺点的文字，并不表示它就是一篇出色的文章。许多著作等身的文学大师，如海明威、福克纳等，常常有拼错字或文法错误的情形。伟大的作品能将人伟大的思想形之于文字，一旦以清晰井然的形式将思想转换为文字，接下来的拼字与造句的问题大可交给编辑去处理。只有集中力量在发挥自身优势上，才能达到卓越，一味消除缺点并不能表现出色。

如果一个人在某一方面特别突出，例如，销售、数学、人际交往或是室内装潢，就会产生一种有趣的反应，那就是：把这些优势视为理所当然。假设优势是会自然发展的，不用过多专注于此，一般人的想法是，如果一个人真的想要进步，就不要在你的长处上浪费时间，而是应该努力改正弱点，这样你才能全面的发展。

常听到有人说："数学对他不成问题，不过他应该加强历史和英文。"重点在于历史和英文，而不是数学。可是，真正有发展潜力的是什么？是这个人的优势，是数学，而不是历史或英文。

优势的马太定律

内布拉斯加州的教育委员会指派内布拉斯加大学推动一项三年计划，研究教导速读最有效的方法。这项研究测试了1000多位学生，以了解他们阅读的速度与理解程度。测试结果相当戏剧化。阅读能力差的学生，以每分钟90字开始，进步到平均每分钟150个字。而最优秀的学生，是由每分钟350字开始，进步到每分钟2900字，即使最有经验的研究人员，都对这样的结果大为惊异，因为，他们原来以为进步百分比最大的应该是阅读速度最差的学生。

结果是，阅读速度最快的学生，通过训练进步最大，而且获益也最多。

在《圣经》中有一条"马太定律"："让富的更富，让穷的更穷。"我们自身的优势也遵循着这句"马太定律"，只要我们能发现自己的优势，倾注全力地培养我们的优势，那么，我们的优势将得到突飞猛进的发展，我们将是无往而不胜的。请记住：成功的人生源于对优势的极致挥洒！

第4章

塑造健全的人格，构筑科学的心理

人生的花季，正是形成人格的关键时期。科学地学习心理学知识，有助于提高自己的心理健康水平，能更好地塑造健全的人格。

第一节　玩转交际心理学，让人脉翻滚起来

　　每个人都生活在人际网里，谁都希望别人喜欢自己。每个人内心深处都有对爱的需要，就好像对食物的需要一样，这种亲和的动机是与生俱来的。

　　虽然人人都渴望爱与被爱，但是身处社会，与各式各样的人打交道，怎么样才能促进彼此的关系呢？经常有人抱怨自己人际关系不好，感到很孤独。其原因并不是这个人不好，而是他把自己的想法和感觉封闭起来，不愿意与人交流。当别人向他诉说心事时，他们却总对自己的事情闭口不谈，这并不一定是因为内向。

　　有的人在社交场合总是滔滔不绝，看似社交能力很强。他们通晓国家大事、体育新闻、明星轶事，可从来不会表明自己的态度。而将话题引向略带私密性问题的时候，他就会赶紧转移话题。可见，一个健谈的人也可能对自身的敏感问题有很强的抵触心理。

　　但是，一些不善言谈的人却总是能在与人交往时袒露自己的心声，让人感觉非常真诚，所以这样的人反而能很快与人拉近距离。

　　有古话说得好：人之相识，贵在相知；人之相知，贵在知心。要想交到好朋友，就有必要向对方表露自己的真实感情和真实想法，向别人讲心里话，坦率地表白自己、陈述自己和推销自己。

　　当自己处于明处，对方处于暗处时，一定不会感觉舒服和安全。自己表露了感情，对方却讳莫如深，拒绝交心，自己也一定不会对这个人产生亲切感，甚至会刻意保持一定的距离，对他有所疏远。如果对方敞

开心扉，你就会感到对方很信任自己，有助于双方建立深层次情感沟通，就会很快拉近你们之间的距离。

主动暴露内心的"自我"

有位电影明星在演艺圈的发展受到了阻碍，便请一位心理专家朋友给自己指点迷津。原来，他在一部新片中扮演主角后，受到了评论界的指责，他因此变得心情烦乱。"我再也抬不起头来了，我怎么熬过这种可怕的日子呢？"他诉苦道。

心理专家听了之后，只给他一条建议：把你自己内心中这些最隐秘的想法主动暴露在大家的面前。这位电影明星照办了，他举行3次记者招待会，双膝瑟瑟发抖地暴露了内心中的"自我"。没过多久，他就卸掉了思想上的包袱。由于他的"自我暴露"，给记者们留下了深刻的印象，他们称他是"令人喜欢的人"，重新以同情加赞许的笔调报道了他。

"自我暴露"给人以真诚之感。据心理学家研究发现，在众多的个人品质中，"真诚"是最令人喜欢的品质。从而，也就不难看出这个电影明星挽回局面的原因了。

一个真诚的人，未必话多，甚至从外表看有点木讷，但是他的知心朋友却很多，当他有困难的时候，总有人主动来帮忙。有的人看似朋友很多，吃饭喝酒身边总不会缺人，但是他未必有什么知心的朋友。这样的人习惯于做表面功夫，交朋友又多又快，但是情感都不深入。对方都很清楚地感觉到对方与自己交往是出于需要，而非情感。因此，这个人的情感世界还是孤独的。

美国社会心理学家西迪尼·朱亚德通过一系列实践得出了一个结论：适度的自我暴露会增加别人对自己的喜欢。现在很多人都在写博客，有时候还主动在QQ和MSN上向朋友推送自己所写的内容，这都是一种自我暴露，这样会在无形之中让自己收获很多影响力和好感。

当人们与自我暴露水平较高的个体交往时，最可能进行较多的自我暴露，因为人们常常会回报或模仿他人所欣赏的自我暴露。如朋友聊天时，朋友讲出心底秘密的同时，其他人也愿意作出同等的回报。

自我暴露与对方的赞同程度紧密相连。在得到对方的赞同时，自我暴露就多，反之则少。

自我暴露也与喜欢紧密相连。人们喜欢那些与自己有相同自我暴露水平的人。如果某人的自我暴露比我们暴露自己时更为详细深入，我们就会因为害怕过早地进入亲密领域而产生焦虑。

在一些社交场合，经常会有这样的声音："听你口音是不是某某地方的人啊？……哈，我也是呀！"或者"某某地方，我也去过，我曾经……"再或者"像我们这个年龄阶段的人，都……"

寻找与对方相似的方面，很容易拉近彼此的距离。出生地、年龄、性别、就读过的学校、工作过的单位以及行业、所处的社会地位以及面临的人生阶段等，都可以让我们找到共同点，只要能找出彼此的共同点，就不愁对方对自己没好感。

相似点会拉近彼此的距离，于是，找到相同点的人很容易聚集在一起形成自己的圈子，所谓"物以类聚，人以群分"说的就是这个现象。交往双方相似点越多，那么彼此的吸引力就越强，越能促进双方关系的发展。

相似性的吸引力

美国心理学家纽科姆曾在密执安大学做过一项实验，实验对象是17名大学生。实验证明了人都喜欢和自己相似的人做朋友。他们先是做了一系列的调查，然后把一部分特征相似的大学生安排在一起居住，把另一部分特征相异的大学生也安排在一起居住。一段时间后发现，特征相似的大学生大多彼此接受和喜欢，进而成为好朋友。而特征相异的那些学生尽管朝夕相处，但依然很难建立起友谊。

这些成为好朋友的大学生都有一些共同的地方，如兴趣爱好、宗教信仰，对社会时势的看法也比较一致，因此很容易沟通，感情也更融洽，因此彼此之间的戒备和隔膜很少，有利于深入交往，而那些特质相异的大学生，因为害怕受到伤害，戒备心理和防范意识很强，彼此缺少共同的语言，因此很难成为好朋友。心理学家通过进一步研究还发现，只要对方和自己的态度相似，哪怕在其他方面有缺陷，同样也会对自己产生很大的吸引力。

相似性往往让人们产生容易接受对方的心理，警惕和抵触心理是比较弱的。人们对于那些在价值观、兴趣、信念等与自己相同或相似的人，都是比较容易接受的。心理学家通过调查发现，同年龄、同性别、同学历和有相同经历的人更容易相处，行为动机、立场观点、处世态度和追求目标一致的人也更容易相互扶持。

和自己相似的人在一起，就很容易找到共同的语言，相互争辩的机会比较少，更容易获得彼此的支持，获得一种内心的稳定感。同时，相似的人组成的团体，能更好地应对来自其他群体的阻力和压力。因此，人们倾向于与自己相似的人在一起，也体现了人们的一种自我防御心理，即害怕遭到反对和伤害，寻求认同和帮助。作为个体生存而寻找同类以抵挡外界的侵害反映了人的一种本性，那就是——亲和动机。

和而不同也是共赢

一位居士到一处佛教名山拜访，在山寺中遇到一个谈吐不凡的老僧人。居士便主动上前与老僧人交谈，说一些自己对佛学思想的领悟，希望老僧人的指点。但说了很久，老僧人偶开尊口，却只说八个字，时而是"是的，是的"，时而是"也对，也对"。几个小时下来，居士差不多把这几年学佛的思想体会说遍了，可老僧人说来说去始终是这八个字。居士不解地下山后，想了很久才忽然理解了老僧人这八个字的含义。当老僧人赞同自己的说法的时候，老僧说的是"是的，是的"，而若自己所说的与老僧理解有差异时，老僧便说"也对，也对"。

这位居士感慨：当别人的观点与自己相同时，"是的，是的"是人之常情，但是，当别人的想法与自己出现分歧时，能说"也对，也对"却不是每个人都能达到的境界。

这里不仅体现了自己的自信，也体现了对不同的生活经历、不同的思维方式的尊重和认同。在没有标准答案的前提下，很多人因为看法的不同而产生纷争甚至是冲突的事例还少吗？其实，能够接纳别人的观点，包容别人的不同，也可以扩展自己的思路，这种"和而不同"的态度同样也是追求共赢的定位。

第二节　学习行为心理学，
养成良好的习惯

什么是习惯？《辞海》中的解释为：长时期逐渐形成的行为方式。如果把人生比喻为一列飞驰的火车，那么使人无法停步而冲向前方的惯性就是人的习惯。习惯是一种潜意识的活动，就像人体的各种软件编程，一旦启动，就会按既定的程序演绎，不会自动发生改变。

习惯的力量是巨大而且顽固的，一旦形成之后，就会对人生产生很大的影响。成功学大师拿破仑·希尔说过："成功与失败都源于你所养成的习惯。"由此可见，习惯在人的一生中发挥着巨大的作用。

习惯改变命运

英国教育家洛克说："习惯一旦养成之后，便用不着借助记忆，很容易很自然地就能发生作用了。"因此，一个人要想取得学业、事业上的成功，拥有美好的人生，就必须养成一种良好的学习、工作、生活等各方面的习惯。习惯主宰人生，所以好的习惯能成就一个人。反之，坏的习惯则会毁掉一个人。

1998年5月，华盛顿350名学生请世界巨富沃沦·巴菲特和比尔·盖茨给他们进行了一次演讲。席间学生们问道："你们是如何变得比上帝还富有的？"他们一致回答说："原因不在智商，而在于习惯。"

也就是说，良好的习惯是一个人走向成功的基本保障，习惯决定了一个人将来成就的大小。

习惯在很大程度上决定人的工作效率和生活质量，进而影响人一生的成功和幸福。注意养成好的习惯，是人们迈向成功的第一步。

在印度和泰国等地随处可见只用一根小小的柱子和一截细细的链子，就能拴住一头重逾千斤的大象的事情。这在我们看来是不可思议的，但是却是真实的。原来在大象还是幼象的时候，驯象师就用一截细细的链子将它们拴在小小的水泥柱或钢柱上，无论小象怎么挣扎都难以挣脱，于是渐渐地在成长的过程中形成了一种认为细链与小柱子不可挣脱的习惯性思维，也就不再挣扎。由此可见，小象是被铁链与柱子束缚的，而大象则是被习惯拴住的。于是大象被人奴役的命运便由它多年的习惯决定了。同理，人也是如此。

我国著名的激励专家、行为学家、中国习惯培养权威教练周士渊先生作为"习惯改变命运"的倡导者，给自己和他人提出的忠告就是：一个人一定要看到习惯的价值，培养良好的习惯。一旦养成好习惯，就会受益终生。他自己就是这样做的。周士渊每天坚持早上5点钟左右起床，然后散步5千米左右；坚持每天吃10个枣、10个枸杞子、10颗花生、3个核桃，以期锻炼自己的毅力；坚持每天记下第二天要做的重要事情；坚持每天散步时背诵一些精彩的诗歌、散文以及小品文。由于他每天坚持有意识地培养良好的习惯，所以经过多年的磨炼之后，终于成就了辉煌的人生。

既然习惯能够主宰人生，那么想要取得成功，拥有精彩的人生，就必须要养成良好的习惯，改掉错误的习惯。正如有人说，只要养成了良好的习惯，想不成功都难。

"冰冻三尺，非一日之寒"，同样，一个人的习惯也不是一朝一夕养成的，而是渐渐形成的。一个人要养成良好的习惯，就要进行不断地训练和培养。外国有句谚语说："好的开始是成功的一半。"我国古代的先哲也告诫人们要"慎始"。

新的习惯无一不是逐渐养成的，只有从一开始就加以训练，之后才能养成良好的习惯。

一天，一位睿智的老者与他年轻的学生一起到树林里去散步。老者在四株植物前突然停了下来。他仔细地看着这些植株。第一株植物是一棵刚刚从土里冒出来的幼苗；第二株植物已经算得上是挺拔的小树苗了，它的根牢牢地扎到了肥沃的土壤中；第三株植物则是枝叶茂盛，差不多与年轻学生一样高大了；第四株植物则是一棵巨大的树，年轻的学生几乎看不到它的树冠。

这位老者指着第一株植物对年轻的学生们说："把它拔起来。"年轻学生很轻松地便把这棵幼苗从土里拔了出来。"现在，请将第二株植物拔出来。"年轻的学生听从了老师的吩咐，略加用力之后，便将树苗连根拔起。"好了，现在拔第三株植物。"学生们先用一只手试了一下，然后改用双手用力去拔。最后，直到学生们累到筋疲力尽才把它拔起。"好的，"老师接着说，"去试一试这最后一棵吧。"年轻的学生抬头看了看眼前的巨树，想了想自己刚才拔第三株树时已经累得筋疲力尽，于是便拒绝了老师的提议，甚至没有去做任何尝试。"我的孩子，"老者叹了口气说道，"你的举动恰恰告诉你，习惯对生活的影响是多么巨大啊！"

这个小故事中的植物就好比是人们的习惯，是"由小到大"一步步慢慢形成的，小时候如果不在意它，等到长大后，它已经扎根于体内，成为人的一部分。正如美国著名教育家曼恩所说的："习惯仿佛像一根缆绳，我们每天给它缠上一股新索，过不了多久，它就会变得牢不可破。"一个习惯在由幼苗长成参天大树的过程中，被重复的次数越来越多，存在的时间也越来越长。

习惯养成的周期

据行为科学家研究证明：一个人一天中的行为大约只有5%是属于非习惯性的，而剩下的95%都是习惯性的。即使是创新，最终也会逐渐演变成习惯性的创新。人一切的想法、一切的做法最终都会演化成一种习惯。

另一个研究得出的结论是：一个动作如果重复21天以上就会形成习惯；而如果坚持90天的重复，则会形成稳定的习惯。同样，同一个想法，如果连续重复21天，也就会变成了习惯性的想法。

一般来说，人类习惯的形成大致分三个阶段：

第一阶段：1~7天左右。这一阶段的特征是：刻意，不自然。需要时刻注意提醒自己进行改变。在此期间会觉得有些不适应，不舒服，这是正常的。

第二阶段：7~21天左右。如果第一阶段已经坚持下来了，那么就不要放弃努力，继续重复，跨入第二阶段。这一阶段的特征是：刻意，自然。这时就已经觉得比较自然，比较舒服了，但是稍一疏忽，还会回复到从前的习惯中去，所以仍需要刻意地提醒自己注意改变。

第三阶段：21~90天左右。这个阶段的特征是：不经意，自然，也就已经形成了习惯。这一阶段被称为"习惯的稳定期"。一旦进入这一阶段，就标志着习惯已经形成。这项习惯已成为生命中的一个组成部分。

习惯是一个人在很长的一段时间内逐渐形成的思维方式、处事态度、生活和学习方式。习惯是由一再重复的思想行为形成的，习惯都是在一件件的小事中不断重复、慢慢养成的。诚如印度谚语所说："播种一种行为，收获一种习惯。"当一个人的一种行为被不断地重复之后就会慢慢地变成了习惯。

习惯有优劣之分

如同性格有好有坏一样，习惯也是有优劣之分的。习惯的优劣对人生的发展也会产生截然相反的影响。好习惯会成为一个人走向成功的基石，而坏习惯则会成为一个人走向成功的绊脚石。

好习惯是走向成功的基石。因为习惯主宰着我们的人生，所以一个人要想取得成功，首先就必须养成良好的习惯。

1978年，70余位诺贝尔奖的获得者在法国巴黎举行聚会。有记者采访其中一位时问道："你是在哪所大学，或者哪所实验室里学到了你认为最重要的本领的呢？"意想不到的是，这位年逾古稀的学者回答说："在幼儿园里。"记者惊讶地问道："在幼儿园里能学到什么终身受益的本领呢？"这位学者回答道："把自己的东西分一半给小朋友们；不是自己的东西不要动；东西要放整齐；饭前便后要洗手；午饭后要休息；做了错事要表示歉意；学习时要多加思考，要仔细观察客观事物。从根本上说，我学到的所有东西就是这些。"与会的许多科学家也对他的回答表示了认同。

一个人的习惯都是从小慢慢养成的，科学家所说的那些在幼儿园中所学到的"本领"无一不是一个人取得事业的成功所必须具备的良好习惯。所以，好的习惯确是成功的阶梯。

第三节　扔掉焦虑的心理，
　　不在纠结的门前踱步

从出生到死亡，焦虑这个怪物便一直尾随着人类。不论多么神圣的场合，它都是断然不会缺席的。不论是婚礼，还是葬礼，它都不请自来；无论是接待会还是宴会它都场场必到，每张桌前都有它的一席之地。

人类的智慧无法估算由于焦虑而造成的损失和破坏，它大得惊人，这种巨大的影响是非言语所能表达的。它曾使天才落魄，只能做些平庸的小事；它是有史以来导致最多失败、最让人伤心、最能摧毁希望的东西。

焦虑给人们带来过任何的好处吗？它帮助谁改变了自己的境遇吗？难道它不是在所有地方起着负面作用，比如损害健康、使人疲惫、降低效率吗？

想一想焦虑破坏了多少家庭，摧毁了多少雄心壮志，泯灭了多少希望和前程啊！

要想获得成功与幸福，需要竭尽全力，这不是很合乎情理的事情吗？他们非常清楚焦虑和烦恼不仅会使他们失去平静的心态、工作的力量和能力，而且会浪费他们的生命，他们养成未雨绸缪的习惯不也就顺理成章了吗？

如果一个赛跑运动员从很远的地方起跑，那么他跑到目的地——用来测试他敏捷度的一道水沟或一条小溪的时候，就已经累得无法跳跃过去了。许多人在接手一件令人讨厌的任务时，心态便与这位运动员极为相似。

焦虑不仅减弱人的活力，浪费人的能量，它也会严重影响一个人工作的质量。因为它能够削弱人的能力。当一个人思想困惑时，他不可能高效地完成自己的工作。人的大脑只有在完全自由的情况下，才能发挥出它最好的水平。如果总是有心事，大脑就无法进行清晰、有力、有逻辑的思考。当大脑细胞被焦虑深深毒害的时候，便无法像那些充满血液、活跃、清晰的大脑细胞一样集中注意力。

埃尔默·盖茨教授和一些其他的著名科学家曾进行过实验，证明激情和不良情绪的确会引起人体分泌物化学成分的变化，并且还会在身体中产生有毒物质，这些都对人的健康成长和行动起到致命作用，长期处在紧张、焦虑状态下的人，血液中就会充满有毒的化学物质。

焦虑最恶劣的形式就是陷入对失败的反复思考中。这种做法会削弱人的斗志，打击人的决心，挫败焦虑者心中的那个目标。

一些人养成了非常可悲的习惯，他们习惯反复思考过去的生活，用过去的缺点和错误惩罚自己，最终导致他们的人生观是向后看的，他们只看到事物的阴暗面，所以看什么都不顺眼。让那些引发麻烦的不幸画面在头脑中留存愈久，它们便会更加深植其中，难以移除。

每一分焦虑都在减损着我们成功的资本，增加着我们失败的可能性。每一寸烦恼和急躁都会在我们的身体上留下痕迹，打乱生理的协调性和影响心理健康，降低效率，这种状况正在削弱着我们所付出的努力。

　　人们不断地允许小小的焦虑、烦恼和不必要的摩擦迅速地磨蚀自己的生命，甚至在他们刚刚步入中年的时候就已经显得与老迈之年相隔不远了，这种状况难道不奇怪吗？看看那些刚刚三十出头的女子就未老先衰，这并非因为她们拼命工作，也不是因为她们真的遇到了什么麻烦，而是因为习惯性的焦虑。这种焦虑有百害而无一利，只能给她们自身和家庭带来不快。

焦虑的事情，未必都发生

　　有一个焦虑的女人，她认为自己感觉的事情一定会发生，并且把会对自己的幸福和快乐产生灾难性影响的所有不幸事件列了一张清单。后来她却不小心把这张清单弄丢了，很久之后，她再次找到这张清单的时候，她惊讶地发现，上面所列的任何一项不幸的预言都没有发生过。

　　对于焦虑者来说，这难道不是一个很好的建议吗？把所有觉得会变成坏事的东西写下来，然后把这张单子放在一边。然后就会惊讶地发现，这些悲哀的事情之中，只有多么小的一部分会变成现实。

　　不要让恐惧的思想在你心中和想象力中深深植根，不要永远停留在恐惧上面。世界上没有什么恐惧大到不能被它的对立面纠正和中和的地步，也没有什么恐惧深深地植根于头脑中，稳固到不能被彻底根除。

丢掉焦虑和恐惧

　　一次，查姆斯博士乘坐公共马车。他坐在车夫约翰旁边，他注意到约翰用鞭子抽打不愿卖力拉车的马，于是就问他为什么这样做。车夫回答说："远处有一个白色大石头，那匹不愿意卖力的马害怕那块石头，所以我想用鞭子的声音和打在它腿上的疼痛感，使它不要再去想那块石头。"

查姆斯博士回到家中仔细琢磨这个想法，提笔写下《新爱的排他力量》，说明人必须通过向头脑中输入新的思想的方法赶走先入为主的恐惧心理。

任何形式的恐惧都和焦虑、担心一样，如果头脑中有与之抗衡的想法，比如勇气、无畏、自信、希望、自我肯定、自立的影子存在的话，它们就会马上逃遁得无影无踪。恐惧是一种有意识的软弱。只有在一个人怀疑自己处理可怕事件的能力的时候，恐惧才会产生。

对于疾病的恐惧有时也源自于一种自己无法成功战胜疾病的想法。在令人生畏的传染性疾病大肆流行的时候，那些持怀疑态度、满心恐惧的人，因为不断地听到有关这个备受关注的话题的讨论，还从报纸上看到了各种生动、真实的图片，这种效应日积月累，使他们受到影响，变得近乎狂乱。他们的头脑中充满了疾病和发病症状的图像（比如在黄热病肆虐的时候）——黑色呕吐物、妄语，他们的头脑中也充满了死亡、悲伤和葬礼的场面。

请放下你的焦虑，平和心态的最大敌人便是对于小事的焦虑和担忧。对于一匹强健有力的马来说，难道苍蝇不比它的工作更让它讨厌吗？挑剔、不断被鞭子抽打和猛拉缰绳不是比拉车的繁重体力劳动更让它焦急令人烦恼吗？

与战战兢兢不敢面对的大麻烦相比，那些日常生活中的小麻烦和恼人的小事对人的满足感和快乐感损伤更大，其实它们对个人的斗志磨损更严重。

人生命中最为可悲可叹的精力浪费是由预测不幸、担心未来这一致命习惯所引起的，而这些担心和忧虑无论如何都是没有正当理由的，因为它们只是出自想象，毫无根据。

人们所担心的无非是那些尚未发生的事情。它并不存在，因此也并

科学与人生——品味文明人生

非事实。如果一个人确实因为在忍受疾病的痛苦而害怕的话，那么这种害怕只会加重疾病的每一分疼痛，使它更有可能危及生命。

恐惧的习惯会缩短生命，因为它损害一切生理活动。从它改变身体分泌物的化学成分这一事实便可以看出它的威力。恐惧的受害者不仅未老先衰，他们也会提前死亡。当一个人忍受恐惧或者凶兆的折磨时，工作起来便毫无效率可言。恐惧扼杀勇气和果敢，它使个性泯灭，同时减弱一切精神进程。在担心迫近的危险时，是不可能做出什么伟大的事情的。恐惧总是代表着软弱和胆小。它是岁月的刽子手，它把快乐和雄心送上祭坛，还暗中影响你的职业生涯，它该是一个多么邪恶的怪物啊！《圣经》上说："破碎的灵魂会污染身体。"众所周知，思想消沉、忧郁，会极大地影响身体中的腺体的分泌，实际上它会耗干人体的组织系统。

恐惧会压制人正常的思维活动，使人们在遇到紧急状况的时候无法采取明智的行动，因为在被恐惧吓瘫时，没人能清晰地思考，采取明智的行动。

当一个人被自己的事情搞得闷闷不乐、垂头丧气时，当他心中充满了对失败的恐惧时，当他为贫困的幽灵和痛苦的家庭束手束脚时，那么他就已经招来了自己最害怕的东西，从此也便与成功无缘。所以他首先失败在"精神"上。

如果他不向自己的恐惧投降，心中反而始终怀着对成功的热望，采取一个充满希望的乐观态度，而且愿意用一种系统的、经济的、有远见的方式工作，这样一来，失败真正发生的概率便会相对较低。但是当一个人心灰意冷，当他失去了信心勇气，无所适从，成为一个焦虑的受害者时，他便不能为夺取胜利做出必要的努力，不进则退，他也会因此而不停地退步。

焦虑和它的无数子嗣所产生的后果均是不可弥补的。无论在哪，它都是一种刻薄的诅咒。尽管在恐惧当中没有现实性和真理存在，却总有人成为这个想象中的怪物的奴隶。

西藏有一句谚语是这样说的："能解决的事，不必去担心；不能解决的事，担心也没有用。"人们每天都在紧张地忙碌着，生活似是被每件事情追着向前奔跑，也许有些人试图用做好每一件事情的成就感来填补些什么，然而持续的紧张又会使他们身心疲惫，导致"亚健康"状态的出现。

人们应该善于调整自己的情绪，学会放松自己，而积极地应用想象力，将帮助自己找到心灵的平静。

调整自己，克服焦虑

有一位成功的商人，虽然赚了几百万美元，但他似乎从来不曾轻松过。

他下班回到家里，刚刚踏入餐厅——餐厅中的家具都是胡桃木做的，十分华丽，有一张大餐桌和六张椅子，但他根本没去注意过它们。

他在餐桌前坐下来，但心情十分烦躁不安，于是他又站了起来，在房间里走来走去。他心不在焉地敲敲桌面，差点被椅子绊倒。

他的妻子这时候走了进来，在餐桌前坐下。他说声"你好"，一面用手敲桌面，直到一个仆人把晚餐端上来为止。他很快地把东西一一吞下，他的两只手就像两把铲子，不断地把眼前的晚餐一一铲进口中。

吃完晚餐后，他立刻起身走进起居室去。起居室装饰得富丽堂皇，意大利真皮大沙发，地板铺着土耳其的手织地毯，墙上挂着名画。他把自己投进一张椅子中，几乎在同一时刻拿起一份报纸。他匆忙地翻了几页，急忙瞄了瞄大字标题，然后，把报纸丢到地上，拿起一根雪茄。

他一口咬掉雪茄的头部，点燃后吸了两口，便把它放到烟灰缸去。

他不知道自己该怎么办。他突然跳了起来，走到电视机前，打开电视机。等到画面出现时，又很不耐烦地把它关掉。他大步走到客厅的衣架前，抓起他的帽子和外衣，走到屋外散步。

他这样子已有好几百次了。他在事业上虽然十分成功，但却一直未学会如何放松自己。他是位紧张的生意人，并且把他职业上的紧张气氛从办公室带回家里。

他没有经济上的问题，他的家是室内装饰师的梦想，他拥有四部汽车，但他却无法放松自己。为了争取成功与地位，他已经付出了自己全部的时间去获得物质上的成就。然而，在他拼命工作、拼命赚钱的过程中，他却丢失了自己。

其实，人们在工作时不要总想胜过什么人，而是要满足于眼前的情况，找回自己。这并不等同于不思进取，而是不逼迫自己。因此，当人们在处理问题时，要尽力把事情做好。如果能够达成目标，那自然再好不过。如果已经尽力了，而一切事情却不如意时，那么不妨轻松地接受，学会放松自己。每个人来到这个世界上是来享受人生的，心态也需要休息，然后它才能发挥作用。

那么，当人们被紧张的情绪所困扰时，不妨积极地应用自己的想象力，它将会帮助自己很快找到心灵的平静。

比如可以坐在大脑中想象的戏院里，幻想出令你感到轻松的画面来。如果你喜欢前往海滩，站在海边看着一望无际的大海，那就去吧——它就在脑中。在这些个人所喜爱的风景中放松心情，一一回想起这些风景的美丽之处，感受太阳照在身上，听着海浪拍打在海岸边，闻着清新、带着咸味的气息。看着头上蓝蓝的天空，听着小孩子在海边玩耍时发出的快乐笑声，觉得自己仿佛是大自然的一部分。

如果这样的一个海滩美景能为一个人带来心灵的平和，那就不妨在头脑中一再地把它幻想出来，感觉到自己就在那儿，心情轻松，没有任何忧虑。不断地幻想这种情景，在想象中看清楚每一种细节，把快乐的感觉带回到身边。

当然，幻想海滩情景只是一个例子。如果海滩的情景并不能让心情感到轻松的话，可以幻想任何喜爱的能够让自己体验到轻松的风景。

不断从事这些练习，并进一步了解每个人的自我形象的神奇力量，将改变自我形象，对自己的形象将觉得更为满意。成为一个幸福的人，情绪自然会变得平静。

第四节　摒除嫉妒的心理，
欣赏自己的长处

俗话说："己欲立而立人，己欲达而达人。"别人有所成就，不要心存嫉妒，而应该平静地看待别人所取得的成功。这是获得心灵快乐、拥有幸福人生的秘诀。

嫉妒心理的产生是差别和比较的产物，属于一种内心情绪体验。差别和比较的结果是：从差别和比较中形成心理不平衡，而这种不平衡常常是消极的。嫉妒心理总是与怨恨、不满、烦恼、恐惧等消极情绪联系在一起，构成嫉妒心理的独特情绪。

不同的嫉妒心理有不同的嫉妒内容，但主要是在四个方面表现得尤为突出：名誉、地位、金钱与爱情。有的还表现为一种综合性的笼统内容，即只要是别人所有的，都在其嫉妒之内。

嫉妒无用

在很久以前，摩伽陀国有一位国王饲养了一群象。象群中，有一头象长得很特殊，全身白皙，它的毛柔细光滑。后来，国王将这头象交给一位驯象师照顾。这位驯象师不只照顾它的生活起居，

科学与人生——品味文明人生

还很用心教它。这头白象十分聪明、善解人意，过了一段时间之后，一人一象已建立了良好的默契。

有一年，这个国家举行一个很大的庆典。国王打算骑白象去观礼，于是驯象师将白象清洗、装扮了一番，在它的背上披上一条白毯子后，才交给国王。

国王就在一些官员的陪同下，骑着白象进城看庆典。由于这头白象实在太漂亮了，民众都围拢过来，一边赞叹、一边高喊着："象王！象王！"这时，骑在象背上的国王，觉得所有的光彩都被这头白象抢走了，心里十分生气、嫉妒。他很快地绕了一圈后，就不悦地返回王宫。一入王宫，他问驯象师："这头白象，有没有什么特殊的技艺？"驯象师问国王："不知道国王您指的是哪方面？"国王说："它能不能在悬崖边展现它的技艺呢？"驯象师说："应该可以。"国王就说："好，那明天就让它在波罗奈国和摩伽陀国相邻的悬崖上表演。"

隔天，驯象师依约把白象带到那处悬崖。国王就说："这头白象能以三只脚站立在悬崖边吗？"驯象师说："这简单。"他骑上象背，对白象说："来，用三只脚站立。"果然，白象立刻就缩起一只脚。

国王又说："它能两脚悬空，只用两脚站立吗？""可以。"驯象师就叫它缩起两脚，白象很听话地照做。国王接着又说："它能不能三脚悬空，只用一脚站立？"

驯象师一听，明白国王存心要置白象于死地，就对白象说："你这次要小心一点儿，缩起三只脚，用一只脚站立。"白象也很谨慎地照做。围观的民众看了，热烈地为白象鼓掌、喝彩！国王愈看，心里愈不平衡，就对驯象师说："它能把后脚也缩起，全身悬空吗？"

这时，驯象师悄悄地对白象说："国王存心要你的命，我们在这里会很危险。你就腾空飞到对面的悬崖吧！"不可思议的是，这头白象竟然真的把后脚悬空飞起来，载着驯象师飞越悬崖，进入波罗奈国。

波罗奈国的人民看到白象飞来，全都欢呼了起来。波罗奈国的国王很高兴地问驯象师："你从哪儿来？为何会骑着白象来到我的国家？"驯象师便将经过一一告诉国王。国王听完之后，叹道："人为何要嫉妒一头象呢！"

嫉妒的人总是拿别人的优点来折磨自己。别人年轻他嫉妒，别人风度潇洒他嫉妒，别人有才学他嫉妒，别人富有他嫉妒，别人的妻子漂亮他嫉妒，别人长相好他嫉妒，别人身材好他嫉妒，别人学历高他嫉妒……德国有一句谚语："好嫉妒的人会因为邻居的身体发福而越发憔悴。"因此，好嫉妒的人总是40岁的脸上就写满了50岁的沧桑。

适度地羡慕是可以理解的，但过度地羡慕往往就会变成了嫉妒，这就需要人们格外注意了。从古至今，嫉妒者似乎永远是一个小丑的角色，沦为世人的笑料。

嫉妒心理酿恶果

北京曾发生过这样一个案件：玲（化名）是某名牌大学心理学系的一位女研究生，与丽（化名）是同宿舍的好朋友，她们俩的关系十分密切，而且成绩不相上下，被同系其他同学称为心理学系的一对姊妹花。两人虽然彼此是好朋友，但暗中又在较劲。

大三的时候，玲与丽一同参加了托福和CRE考试。玲考出了较为理想的成绩，于是，她向美国一所著名大学提出申请，时过不久，就接到了该大学的答复，告诉她一旦被录用后，每年还可获得近2万美元的奖学金。

玲高兴万分，耐心地等待着该大学正式录取通知书的到来。可是，过了好长时间，通知书都没有到达玲的手中，于是她就拜托在美国留学的同学去该校打听。

出人意料的是，校方负责招生的人员却说，曾经收到她发来的一份E-mail表示拒绝来该校，所以校方将她的名额转让给了其他人。听到这个消息后，玲犹如五雷轰顶，她前思后想也不知道发生了什么事。后来，她通过多方调查才发现，是丽盗用她的名义向该大学发了那封拒绝函。一气之下，玲将丽告上了法庭。

少一份虚荣，就少一份嫉妒心。虚荣心是一种扭曲了的自尊心。自尊心追求的是真实的荣誉，而虚荣心追求的是虚假的荣誉。对于嫉妒心理来说，它要面子，不愿意别人超过自己，常以贬低别人来抬高自己，正是一种虚荣，一种空虚心理的需要。单纯的虚荣心与嫉妒心理相比，还是比较好克服的。而二者又紧密相连。所以克服一份虚荣心，就少一分嫉妒。

消除不良的心理因素，不断提升自己的能力，调节自身的思维模式，宽以待人。这样才能激发潜在的能力，促使你奋发努力，建立强大的自我意识和参加竞争的信心。要本着平常心去面对竞争，为获胜不择手段是令人不齿的行为。

19世纪初，肖邦从波兰流亡到巴黎。当时匈牙利钢琴家李斯特已蜚声乐坛，而肖邦还是一个默默无闻的小人物。然而李斯特对肖邦的才华却深为赞赏。怎样才能使肖邦在观众面前赢得声誉呢？李斯特想了妙法：那时候在钢琴演奏时，往往要把剧场的灯熄灭，一片黑暗，以便使观众能够聚精会神地听演奏。李斯特坐在钢琴面前，当灯一灭，就悄悄地让肖邦过来代替自己演奏。观众被美妙的钢琴演奏征服了。演奏完毕，灯亮了。人们既为出现了这位钢琴演奏的新星而高兴，又对李斯特推荐新秀的行为深表钦佩。

当嫉妒心理萌发时，或是有一定表现时，能够积极主动地调整自己的意识和行动，从而控制自己的动机和感情。这就需要冷静地分析自己的想法和行为，同时客观地评价一下自己，从而找出一定的差距和问题。当认清了自己后，再重新审视别人，自然也就能够有所觉悟。

快乐之心可以治疗嫉妒，是说要善于从生活中寻找快乐，就像嫉妒者随时随处为自己寻找痛苦一样。如果一个人总是想：比起别人可能得到的欢乐，我的那一点儿快乐算得了什么呢？那么他就会永远陷于痛苦之中，陷于嫉妒之中。快乐是一种情绪心理，嫉妒也是一种情绪心理。何种情绪心理占据主导地位，主要靠人来调整。

嫉妒心理也是一种痛苦的心理，当还没有发展到严重程度时，用各种感情的宣泄来舒缓一下是相当必要的。

在这种发泄还仅仅是处于出气解恨阶段时，最好能找一个较知心的朋友，或亲友，痛痛快快地说个够，暂求心理的平衡，然后由亲友适时地进行一番开导。虽不能从根本上克服嫉妒心理，但却能中断这种发泄朝着更深的程度发展。如有一定的爱好，则可借助各种的业余爱好来宣泄和疏导，如唱歌、跳舞、书画、下棋、旅游等。

境由心造，不盲目攀比

下午放学后，杰克一个人坐在学校操场的篮球架下看书。一只燕子扇动着翅膀停落在杰克面前，悠闲地梳理翅膀上那美丽的羽毛。

杰克羡慕地对燕子说："燕子啊，我好羡慕你那双漂亮的翅膀，它可以带你去想去的地方，可我就不行了。"

听到杰克的话后，燕子抬起头看着杰克说："孩子，在天空中飞翔的生活也不见得比你幸福啊！虽然我可以飞往我想去的地方，可是也必须有个目标。如果就这样漫无目的地飞，会令我感到厌倦。其实，我也羡慕你；想和你一样有个家，睡在温暖的床上。可是，这样的想法毕竟不现实啊！"

杰克笑着对燕子说："你说的话很有道理，我也知道这只是梦想，可是我还是很羡慕你，我梦见自己插上一双强有力的翅膀，

科学与人生——品味文明人生

不受任何约束地翱翔在蔚蓝的天空中。我不喜欢学校的规定，也不喜欢爸爸妈妈给我的规定，那些都让我感到不快乐。"

燕子又理了理身上的羽毛轻声地说："孩子，大自然有它的法则，我也要遵守规则啊，该飞的时候就飞，该休息的时候就休息。世事万物相生相克，我也有害怕的事情，也有不喜欢做的事情，并不像你想象得那样自由。你看，下雨的时候，我们要在树林或草丛中躲避雨水，同时还要提防周围的危险，说不定什么时候，狡猾的狐狸就会跳出来咬我们一口。所以说，我们燕子的生活也不像你想象中的那么惬意，不过我们可以自寻快乐。生活中难道没有能令你快乐的事情吗？"

杰克说："有啊！我最喜欢看书，每次看书都会觉得很充实，觉得自己好像跟书中的人物一起过了一个愉快的下午。"

"是啊，人人都有自寻快乐的方法，你应该好好享受你的生活。在生活中，虽然有很多规定，但也可以找到快乐，而且这种快乐才是真实的喔！不要再羡慕燕子了，其实燕子也很羡慕你呢！"

生活中的许多烦恼都源于盲目的攀比，人们往往忽略了享受自己的生活。"境由心造"，只要能找准令自己快乐的生活方式，就会品尝到幸福生活的甘甜。

生活中的苦乐全凭自己的判断。一个人的处境是苦是乐往往是主观的，虽然和客观环境有一定的关系，但那并非决定性因素。"境由心生"，只要心态好，生活自然快活舒心。

发挥长处，丢掉嫉妒

孔雀嫉妒黄鹂拥有美妙动听的歌声，它认为自己的声音难听到了极点，认为上帝太偏心。于是，孔雀飞上天堂去找上帝诉苦。

上帝对它说："我的孩子，我并没有偏向任何一个物种，黄鹂有美妙动听的歌声，而你的项颈间却有着如翡翠般熠熠生辉的羽毛，尾巴上有华丽的尾翼，美丽属于你，不要心存嫉妒。"

孔雀听了上帝的话，委屈地说："可是在唱歌上我却不及别人，黄鹂唱得那么动听，人人都喜欢，可我刚一张口，别人就开始嘲笑我，所以我只能不作声，这跟哑巴有什么区别？"

上帝继续说道："我已经做到公正了：你拥有美丽的外表，老鹰拥有力量，黄鹂拥有动听的歌喉，喜鹊可以报喜，乌鸦报凶，别的动物没有一个说我不公正的，它们对自己的特长都很满意。"

听到上帝的话，孔雀茅塞顿开，谢过上帝后张开翅膀飞走了。自此以后，当它想在人们面前展示自己的时候，就亮出自己华丽的羽毛。

假设上帝没有及时为孔雀打开心结，孔雀会继续嫉妒黄鹂的歌喉，嫉妒、自卑的心理会爬上心头。久而久之，定会心情烦躁，使生活失去色彩。

在现实生活中，有许多想不开的人，每当遇到麻烦时，总是悲天怆地，认为上天将不幸全部给予了他一个人，自己是天底下最不幸的人，每个人都在嘲笑他。

其实，事情并非他所想的那样，他也许在某方面比别人差，但在其他方面就不一定了。造物者很公平，他给予每个人的都一样多，你在这方面有所欠缺，在另一方面一定会得到补偿。

尺有所短，寸有所长。每个人都应该满足自己所拥有的一切，不要拿自己的缺点去撞击他人的优点，拿自己的不足与他人为之骄傲的地方做比较，那样只会自讨苦吃。拥有一颗平常的心，充分发挥自己的长处，创造美满和谐的生活才是你应该做的。

第五节　拥有积极的心理，
让生活充满阳光

很多人肯定多多少少有过这样的疑问：为什么能力相差无几、学历和经历相同、年龄相仿的两个人，成就相差那么大？是社会对自己不公吗？是自己的运气不好吗？

诚然，一个人的发展与外界有着密切的关系，但是关键在于自身。很多时候，每个人应该思考一下自己是否经常自甘堕落、自甘失败、自甘平庸，而很少给自己注入积极的心理暗示。

有这样一句话："人与人之间本来只有很小的差异，但这很小的差异却往往造成巨大的不同。"在这句话里，巨大的不同就是指一个人的人生是成功、幸福还是平庸、不幸，而原本很小的差异就是凡事所采取的不同心理暗示。

内心是最强的"磁铁"

可以这样理解：我的内心是这个世界上最强的"磁铁"。当一个人的注意力或是所有的能量都集中在某一个方面的时候，无论这种注意力是积极的还是消极的，都能吸引着它们成为自己生活的一部分。电影《倒霉爱神》恰恰给人们展示了这个事实。

电影的女主人公艾什莉好似上帝的"宠儿"，她始终享受着生活的眷顾。毕业后她不费周折就在一家知名的公司做了项目经理，她随便买一张彩票就能够中头奖，在繁忙的纽约街头想要搭计程车，很快就有好几辆车都向她驶来……她的生活和工作可谓是一路畅通，惬意而幸运得让人羡慕。

然而，男主人公杰克好似世上的天然霉星，有他出现的地方，就有霉运，医院、警察局、中毒急救中心是他经常光顾的地方。新买的裤子看上去好好的，可一穿就断线……工作上他更没有艾什莉那么幸运，他不过是一家保龄球馆的厕所清洁员。

看到影片中这些零碎的片段时，众人不禁哑然失笑，但也会感慨：同样是人，怎么差别这么大？其实，这不是运气的问题，而是心理暗示在发挥作用。艾什莉的内心充满着对好运气的渴望，这种渴望促使她去感受美好、追求快乐，因而她的感觉越来越好。反观杰克，他潜意识里不断地提醒自己，很快就有霉运来了。于是，正如他所想的那样，倒霉的事真的接二连三地来了，而且想甩都甩不掉。

人们常说："种豆得豆，种瓜得瓜。"同样，在思维里种下怎样的暗示种子，就会处于一种怎样的状态。积极的心理暗示能引导内心的强大，把不自信变成自信；而消极的心理暗示则会损耗内心的力量，不顺的事情自然而然就产生了。

相信人们一定常听到这样的对话："我不能喝咖啡，它会让我晚上失眠""我不能吃鸡蛋，它会让我拉肚子的""我不能坐飞机，会吐"。事实上，这些并非身体的真实反应，而是一个人的潜意识的观念。置身于这些环境，身体会立刻随潜意识启动这些程序，接下来，自然会出现"你所预料"的反应。

因此，如果一个人不想让倒霉的事情主导自己的生活，那就要尝试着从心理暗示方面做出一些改变。给自己的心"注入"积极的心理暗示，相信自己所做的一切都会朝着好运的方向发展，就会发现大脑变得活络起来，内心产生了连自己也意想不到的力量，自然也会享受到惬意美好的生活。

假设你想成功，就应该不断地重复念叨："我很成功，我一定会成功。"假设想赚钱，那就说"我是超级大富翁，我很有钱"。假设想人际关系好，那就说"所有人都喜欢我，每一个人都给我微笑"。

成功的"咒语"

在第23届洛杉矶奥运会上，人们发现了这样一件"奇怪"的事情：日本运动员具志坚幸司每次比赛出场前总要紧闭双目，口中念念有词，像念咒语似的。更奇怪的是，那届男子体操决赛中，美国体操明星麦克唐纳、康纳斯和其他运动员等相继失手，唯独具志坚幸司一路发挥正常，最后夺得全能冠军，实现了他为之奋斗16年的心愿，他还在吊环、跳马和单杠项目中分别获得金、银、铜牌各1枚。

比赛结束后，具志坚幸司上场前口中默念的"咒语"成了许多人关注的谜，纷纷猜测不止。有一位记者采访具志坚幸司时，更是很明确地问到了这件事情，但具志坚幸司笑而不答。事后，具志坚幸司对自己的朋友们说，其实自己默念的内容并不神秘，也不是什么咒语，无非是运用了积极的心理暗示，告诉自己："我不紧张，我一定会做好这套动作""我勇敢，我会取得成功的……"

正如詹姆士·艾伦在《人的思想》一书中所说："要是一个人把他的思想朝向光明，他就会很吃惊地发现，他的生活受到很大的影响……一个人所能得到的正是他们自己思想的直接结果。有了奋发向上的思想之后，一个人才能奋起、征服，并能有所成就。"

就连大发明家爱迪生也深信暗示的力量，他曾在工作日志上写道："我相信自己会成功的，我知道自己一定行，我会发明电灯的。"在坚持了上万次的实验之后，他终于成功研制出了世界上第一盏电灯。

时刻用积极的暗示鼓励自己，像艾什莉、具志坚幸司、爱迪生那样常对自己说："我是最好的""我是最棒的""我一定能够成功"……

这些暗示均会引发强大的内心力量，进而激发一种不达目的誓不罢休的执着。

记住，没有人知道未来会如何，面对各种各样的困境或竞争，人可以输给环境，也可以输给对手，但决不可以输给自己。心理暗示可能值不了多少钱，但只要你坚持下去，它就会迅速升值，创造意想不到的效果。

积极向上的生活态度，对幸福生活的主动追求，需要你总是选择乐观，乐观的人总能以阳光的心态去迎接生活。

拥有正面的看法

洛莉塔是个不同寻常的女孩。她的心情总是非常好，因为她对事物的看法总是正面的。

当别人问她近况如何时，她总回答："我当然快乐无比。"她是一个销售经理，她的独特之处是：每次离职都会有几个下属跟着她一起跳槽。大家说她天生就是个鼓舞者。有谁心情不好的时候，洛莉塔就会告诉他怎么去看事物的正面。

一天一个朋友追问洛莉塔说："一个人不可能总是看事情的光明面。你是怎么做到的？"

洛莉塔说："每天早晨醒来的第一件事就是告诉自己：'你今天有两种选择，可以选择心情愉快，也可以选择心情不好。'然后我就选择心情愉快。我命令自己要快快乐乐地活着，然后我就真的做到了。每次遇到不好的事情时，我可以选择成为一个受害者，也可以选择从中学些东西。那我就选择后者。我选择了，我就做到了。每当有人向我诉苦或抱怨，我可以选择接受他的抱怨，也可以选择告诉他事情的正面。我依然选择后者。"

"说的是没错！可是并没有那么容易做到吧？"朋友回应道。

"就是那么容易。"洛莉塔说，"人生本来就是选择。每一种处境都面临选择，关键在你自己。"

她曾被确诊患上了中期乳腺癌，需要尽快做手术，手术前期，她的生活依然正常而有规律，不同的只是她每天上午10点要接受医院规定的检查。对于给她做检查的医生，她总是微笑应对，让他们感到很轻松。

直到手术麻醉前，她还对主治医师说："医生，你答应过我明天傍晚前用你拿手的汉堡来换我的插花的！别忘了啊！上次的自制汉堡真是好极了！"医生见她如此乐观，也很轻松，手术进行得也非常顺利。她出院时，竟然同医室一半的人都交上了朋友。包括那些病友，每一个人都被她的轻松与坚强感染和征服了。

对于生活，若抱着一种达观的态度去对待，就不会稍有不如意就自怨自艾。很多终日苦恼的人，并非遭受了多大的不幸，只是他们内心对生活的认识存在偏差。而生活中也同样有很多坚强的人，他们即使遭受不幸，也始终保持乐观。生活本身就是由喜怒哀乐之事组合而成，烦恼忧虑是人生不可避免的一部分，这些都不是个人的力量就能左右的。既然如此，那就别为自己无法左右的东西苦恼了，还可以自己给自己快乐，不是吗？当人们的心灵被这种乐观态度占据后，阳光的心态就在我们心中了。

赫胥黎说："充满着欢乐与战斗精神的人们，永远带着欢乐，欢迎雷霆与阳光。"把自己的脸朝向阳光，就不会有阴影。人生不如意事十之八九，如果以积极乐观的想法去面对，纵然不顺心的事情依然会频频发生，我们也会很快逢凶化吉。只要不违背良心，踏实诚恳，遇到什么事情都会有天时、地利、人和的相助。

第六节　摘掉人格的面具，
做最真实的自己

自然界永远没有重复，每一滴雨水都和其他的雨水不同，每一片雪花都和其他的雪花不同，每一朵花都和其他的花朵不同，每个人的指纹和别人的指纹也都不同……世界因千千万万的不同而绚烂。

对于别人的优点和特色，都可以去欣赏。在欣赏的同时，也应该明白，别人是发挥了自己的特点和长处，才那么有魅力的。

如果充分展现自己独特的一面，也会让自己成为有魅力的人，散发出迷人的风采。

保持自己的本色

索菲娅·罗兰是意大利著名影星，自1950年从影以来，已拍过60多部影片，其演技炉火纯青，曾获得1961年奥斯卡最佳女演员奖。

索菲娅·罗兰16岁时来到罗马，想圆她的演员梦。但是，她从一开始就听到了许多反面的意见。制片商卡洛带她去试了许多次镜，摄影师们都抱怨无法把她拍得美艳动人，因为她的鼻子太长，臀部太"发达"。卡洛对索菲娅说："如果你真想干这一行，就得把鼻子和臀部'动一动'。"

可是，索菲娅·罗兰是个有主见的人，她断然拒绝了卡洛的

科学与人生——品味文明人生

要求。她说："我为什么非要长得和别人一样呢？鼻子是脸的中心，它赋予脸庞以性格，我就喜欢我的鼻子和脸保持它的原状。至于我的臀部，那是我的一部分，我只想保持我现在的样子。"她决心不靠外貌而是靠自己内在的气质和精湛的演技来取胜。

索菲娅·罗兰并没有因为别人的议论而停下自己奋斗的脚步。她成功了，那些有关她"鼻子长，嘴巴大，臀部宽"的议论都没有了，这些特征反倒成了美女的标准。索菲娅被评为20世纪"最美丽的女性"之一。她曾在自传中这样写道："自我开始从影，我就出于自然的本能，知道什么样的化妆、发型、衣服最适合我。我谁也不模仿。我从不去奴隶似的跟着时尚走。我只要求看上去像我自己，非我莫属……衣服的原理亦然。"

爱默生曾说："羡慕就是无知，模仿就是自杀。不论好坏，他必须保持本色。虽然广大的宇宙之间充满了好的东西，可是除非他耕作那一块属于自己的田地，否则绝无好的收成。"

在这个世界上，每个人都是独一无二的，每个人都有理由保持本色，做真正的、真实的自己。卡耐基说："你在这个世界上是个新东西，应该尽量利用大自然所赋予你的一切。一个人的成就与他的实际潜能有关。你只能唱你自己的歌，画你自己的画，做一个由你的经验、你的环境和你的家庭所造就的你。不论好坏，你都得自己创造自己的小花园；不论好坏，你都得在生命的交响乐中演奏你自己的小乐曲。"

生命本该是一个享受的过程，人们要学会接纳生活赐予的一切，感谢生活赐予的所有。逐渐学会跟自己和解，接纳自己的优点和不足，真诚地喜欢自己，包括自己的不完美。每个人都会发现自己不但获得了更多的魅力，生活和人生也充满了更多的喜悦，每个人也会因此体验到从未有过的生命的美好滋味。

人生最大的痛苦莫过于跟自己过不去，一个人生活得幸福与否，完全取决于自己对待生活的态度。当你不能接纳生活、接纳自己时，你就会感觉生活就是无边的苦海，活着就是煎熬。

　　不接纳自己、不接纳生活的人，总是对生活充满不满和抱怨。常言说得好，人生不如意事十之八九，有谁是一帆风顺地走过来的呢？又有谁能信誓旦旦地说在以后的人生道路上没有任何挫折和失败呢？生活总会有酸甜苦辣、喜怒哀乐，不如意的事很多很多。于是人们对自己也越来越不满意，"为什么我处处不如别人？"这是很多人的心声。多数人可能没有好家境、没有高学历、没有经济实力、没有漂亮的脸蛋、没有聪明的大脑、没有好工作、没有好运气、没有房子、没有对象……假如一个人不能肯定自己，只用权势、虚荣衡量自己时，就会显得非常脆弱，非常容易被蒙蔽，非常容易在这个物欲横流的世界迷失自己。

　　人只有在自己生活的时空中接纳自己，把生活本身当作目的，不要为了追求物欲而把生活变成手段，这样才会发现生活的妙趣，才能看出自己是独一无二的。一个人的喜悦，必须用自己的心去体会，而不是用别人的赞誉来支撑。

　　也许很多人生活困窘，无法享受富足的生活。但是这并不意味着自己的生活就很糟糕，每个人都有追求幸福生活的权利。当在物质上一无所有的时候，内心富足也是一种富有。当感到生活贫乏时，要学会去探寻生活的艺术，学会思考，不要把思维局限在一个框框里，这样你就会发现生活其实很动人，只是人们的眼睛常常被偏见蒙蔽了。所以，接纳自己的生活吧，并接纳生活给予的一切，接纳生活就等于是接纳自己。

学会接纳自己

《庄子》里有一段动人的故事：

　　子祀和子舆是一对非常要好的朋友。有一天，子舆突发疾病，作为好朋友，子祀前去探望。两人见面交谈时，子舆站在镜子面前，调侃自己说："神奇的造物主啊！竟让我变成驼背！背上还生了五个疮，因为过于伛偻我的面颊快低伏到肚脐上了。两肩也高高地隆起，比头顶还高，你看，我的脖颈骨竟朝天突起！"

子舆是因为感染了阴阳不调的邪气，所以才变成上面他所说的那副怪模样。但是子舆没有指天骂地，还颇为自得地一步步走到井边，从井里看自己现在的这副样子，又开自己的玩笑说："哎哟！伟大的造物主为何要把我变成这滑稽的模样呢！"

子祀有些担心，就问："你是不是厌恶这种病？"子舆说："不，我不厌恶，我为什么要厌恶这种病？如果我的左臂变成一只鸡，那我便用它报晓；如果我的右臂变成弹弓，那我便用它去打斑鸠烤野味吃；如果我的尾椎骨变成车，那我的精神就变成马，这样我就可以四处遨游，无须另备马车了。得是时机，失是顺应，如果人能安于时机并能顺应变化，那无论是喜是悲都不会使心神受侵犯，这就是所谓的'解脱'。如果人不能自我解脱，就会被外物所奴役、束缚。物不能胜天，这是事实，当我不能改变它时，我为什么不接纳它呢？"

故事虽短，但是道尽了生活的智慧。人必须接纳生活，"安于时机并能顺应变化"，才能好好地生活，才能让心神不受侵犯。看看子舆，面对自己丑陋的外表非但没有怨天尤人，反而自嘲，甚至对自己十分欣赏。所以说，人唯有接纳生活，接纳自己，才能超越平凡的生活，战胜并不完美的自己。

接纳自己不是画地自限，而是认清自己。每个人都有优点和缺点，有其特有的能力、经验和机遇，只有能接纳自己，生活才可能变得朝气蓬勃。只有接纳才有喜悦，才知道痛下针砭。否则，就等于是在否定生活，否定自己，然后很快便会迷失自己，继而感到空虚和无奈。

在现实生活中，接纳自己，多想想自己的优点。一个懂得接纳生活、接纳自己的人，会把握住自己的做人准则，以言行塑造自己。一个人一旦学会接纳现实的生活和自己，就会发现生活中的每一天都充满了阳光！正如印度的奥修所说："学习如何原谅自己。不要太无情，不要反对自己。那么你会像一朵花，在开放的过程中，将吸引别的花朵。"

第 5 章

辨析人生的方向，培养科学的智慧

生活处处需智慧，无论待人处事，一思一虑，非经智慧不能辨择。智者不惑，静者生慧；智慧，是生命的力量，更是圆满人生的泉源。做一个真正有智慧的人，才能让我们的人生在智慧中茁壮成长。

第一节 知己者明，
做人贵有自知之明

　　"人啊，认识你自己吧。"这是一句刻在古希腊特而斐神庙中阿波罗神的神谕。老子曾说过一句话："自知者明。"没有自知之明，只会让人哭笑不得。了解自己，是一种智慧，更是一种美好的境界。

　　屠羊说是楚国的一个屠夫，曾跟着遇难的楚昭王逃亡。在流浪途中，昭王的衣食住行都是他帮忙解决的。后来楚昭王复国，昭王派大臣去问屠羊说希望做什么官。屠羊说答复道："楚王失去了他的故国，我也跟着失去了卖羊肉的摊位。现在楚王恢复了国土，我也恢复了我的羊肉摊，生意依旧红火，还要什么赏赐呢？"

　　昭王过意不去，再下命令，一定要屠羊说领赏。于是屠羊说更进一步说："这次楚国失败，不是我的过错，所以我没有请罪杀了我。现在复国了，也不是我的功劳，所以也不能领赏。我文武知识和本领都不行，只是因为逃难时偶然跟君主在一起，如果君主因为这件事要召见我，是一件违背政体的事，我不愿意天下人来讥笑楚国没有法制。"

　　楚昭王听了这番理论，更觉得这个羊肉摊老板非等闲之辈，于是派了一个更大的官去请屠羊说来，并表示要任命他为三公。可他仍不吃那一套，死活不肯来，并说："我很清楚，官做到三公已是到顶了，比我整天守着羊肉摊不知要高贵多少倍。那优厚的俸禄，比我靠杀几头羊赚点儿小钱，要丰厚多少倍。这是君王对我这无功之人的厚爱。我怎么可以因为自己贪图高官厚禄，使我的君主得一个滥行奖赏的恶名呢？因此，我绝对不能接受三公职位，我还是摆我的羊肉摊更心安理得。"

谁不想要荣华富贵，坐拥万贯家财？谁不想要扬名立万，享受世人艳羡的目光？但是屠羊说知道自己无法胜任，拒绝了从天而降的美差。这体现了"功成，名遂，身退，天之道也"的老庄精神。

自命不凡注定走向失败

小章是某名牌大学的毕业生，在进了一家小公司后，他发现与他同时进公司的同事不是学历没他高，就是学校没他好，因此他十分自傲。

领导分配给新员工的都是最基础的工作。小章原本很有优越感，这样一来，他更加觉得自己被大材小用了。有一次在计算收益的时候，他把一笔投资存款的利息重复计算了两次，虽然最后也没有给公司造成实际损失，但是整个公司的财务计划却被打乱了。

事后，小章很不在乎，他觉得就像做错了一道数学题，只要下次注意就是了，没什么大不了的。

小章的这种态度让主管很不放心，往后再有什么重要的工作，总找理由把他"晾"在一旁，不再让他参与了。就这样，没过多久，这位知名大学毕业的高材生就丢掉了自己的第一份工作。

很多时候，一个人的失败并不是别人造成的，而是败给了自己。小章确实是名牌大学的高才生，但也不该尾巴翘到房梁上，这种自命不凡的态度迟早会给自己带来失败的厄运。

动物们在森林中举行一年一度的比"大"比赛。犀牛上台表演，动物们高呼："大！"大象登台两下，动物也大声叫道："真大！"台下角落的一只青蛙按捺不住了，生气地想：难道我不大吗？它一下子蹦上一块大石头，一边使劲鼓起肚皮，一边得意扬扬地高声问道："我大吗？"

"不大。"台下传来的是一片唏嘘。

青蛙看到这形势，很不服气，继续拼命鼓着肚皮装"大"。"砰"的一声，青蛙的肚皮鼓破了。

在井底之蛙的眼中，它只看得见自己头顶上那一小片天空，而那天空下面最伟大的人物，莫过于自己了。于是鼓腹而鸣，酿成可笑可悲的结局。可怜的青蛙，到死还志得意满，不知道自己到底有多大能耐。

现代很多人都有一种通病，那便是不了解自己。在还没有掂量过自己的能力范围、兴趣爱好、社会经验之前，往往就会一头栽进一个太过高远的目标，所以每天都倍受辛苦和疲惫的折磨。

一个人在生活中如果总是与别人比较，总是希望赢得四周的掌声和赞美，博取他人的钦羡，则会渐渐迷失自己，久而久之，他的生活就变成了沉重的负担，被苦闷和空虚所侵蚀。所以，一个人了解了自己，根据自己的能力去做人做事，那才能收获真正的喜悦。人与人之间各不相同，有的人强壮，有的人瘦弱；有的人开朗，有的人内向，芸芸众生，每个人都不尽相同，拥有着不同的优势和弱点。我们必须依照自己的潜能去发展，那才能活得快乐。

了解自己，不留遗憾

有一位登山爱好者，一次他有幸参加了攀登珠穆朗玛峰的团队活动。当到了海拔7800米时，他的体力已经支持不住，于是他停了下来，放弃了继续攀登。

当他和朋友们讲起这段经历时，大家都替他感到惋惜："为什么不再坚持一下呢？为什么不再往上攀一点高度，再咬紧一下牙关，爬到顶峰呢？"

"不，我自己最清楚，7800米的海拔是我登山生涯的最高点，我一点也不为此而感到遗憾。"他面带轻松地说。

这位登山队员了解自己的身体，了解自己的能力，所以他不做无谓的努力，正因为这点，他才能安然无恙地回来。

俗话说："旁观者清，当局者迷。"苏东坡在《题西林壁》一诗中也说："横看成岭侧成峰，远近高低各不同。"

人们不能认清自己，就好比身在庐山之中反而看不清庐山真面目。鲁迅先生曾说过："我有时解剖别人，但常常更严格地解剖自己。"剖析自己能对自己有更深层的认识。跳出自我的小圈子，站在旁观者的角度来剖析和评价自己。"知人者智，自知者明。"一个有自知之明的人，会在自己擅长的领域里努力做事，取长补短，从而事事顺利。

每个人对自己的了解越明确，所表现出来的行为就会越符合本身情况，表现也就会越自然，一个人给了旁人一个正确的印象，跟旁人交往时，就不致引起什么困难。于自己来说，对本身有了一个明确了解后，那么也就有了一个做人的准则。

倘若人们不能给自己做一个适当的定位，就容易犯错，轻则误事误己，重则误人误国。

战国时候，齐威王的相国邹忌风度翩翩，一表人才，身高八尺有余。但要说齐国的美男子，邹忌可轮不上，和邹忌同城的徐公更是仪表堂堂，风流倜傥，是齐国有名的美男子。

一日清晨，邹忌起床后，穿戴整齐，走到镜子前仔细打量自己身上的装束和自己的相貌，觉得自己确实长得比较出众，于是信口问妻子说："你看，我跟城北的徐公比起来，谁更好看？"

妻子说："您长得多好看啊，那徐公怎能跟您比？"

邹忌心里高兴，却又不信，又问他的妾："我和城北徐公相较，谁更英俊？"

妾忙说："您比徐先生漂亮得多，他哪能和大人您相比呢？"

第二天，有客来访。邹忌问客人说："您看我和城北徐公相比，谁好看？"

客人毫不犹豫地说："徐先生比不上您，您比他漂亮多了。"

邹忌就这样做了三次调查，大家都一致认为他比徐公长得英俊。可是邹忌不是个没头脑的人，并不因此沾沾自喜。

一天后，刚好城北徐公到邹忌家登门拜访。邹忌第一眼就被徐公那气宇轩昂、光彩照人的形象震住了。两人交谈时，邹忌不住观察着徐公，觉得自己长得确实不如徐公。

夜晚，邹忌躺在床上思考这件事情，得出这样的结论："妻子说我美，是因为偏爱我；妾说我美，是因为害怕我；客人说我美，是因为有求于我。看起来，我是受了身边人的恭维赞扬而认不清真正的自我了。"

清楚自己几斤几两，可以给自己一个恰当的定位，设定人生目标时也能够控制在自己力所能及的范围，不至于闹出笑话。虽说这个世界一切皆有可能，但是每个人一生下来，他的天赋就基本上已经确定，而且由于每个人所在的生活环境、人文环境以及学习能力的相对确定性，他将来的成就和作为都是有一个限度的。人不能逾越自己的限度去做事，更不能成天靠期盼奇迹或种种幻想去做事。比如，一个在音乐方面天赋异禀却体力单薄的艺术青年，就不能让其去干些杀猪宰牛的力气活；一个在烹饪方面颇有造诣的美食家，也不能让他去造导弹飞机、火箭航母。

知人不易，自知更难。总有一些人不知道自己有多少能耐，总以为自己本事无限，任何领域都能插一脚，门门通晓，遇事总想表现一把，其实却是样样通，样样松，就此闹出无数笑话。不自知带来的失败在历

科学与人生——品味文明人生

史上可谓是数不胜数，譬如纸上谈兵的赵括，由不自知而白白葬送无数人的生命，这样血的教训怎能不引起我们的深思。

做人一定要有自知之明，不管在工作学习中、在日常生活中，还是在人际交往中，一切都要从实际出发。当别人都赞扬自己的时候，要保持头脑清醒，自己到底是不是真的如别人口中那么优秀；当别人都瞧不起自己的时候，也不要妄自菲薄。了解自己的能力，做适合自己的事，才不至于在路途中迷失方向。

第二节　大智若愚，聪明人从不显山露水

有些人表现得精明过人，遇事总和人较真儿，但这种人往往"聪明反被聪明误"，难以成事。这种人并非真的聪明，只不过是自作聪明。所以做人不妨装装糊涂，也许事情反倒会办得圆满些。

装得迟钝一点儿

有个爱缠人的先生盯着小仲马问："您最近在做些什么？"

小仲马平静地答道："难道您没看见？我正在蓄络腮胡子。"

胡子是自然而然长的，小仲马故意把它当作极重要的事情，显然与问话目的不相符合。小仲马表面上好像是在回答那先生，其实并没给他什么有用信息。小仲马自然是懂得对方问话意思的，但他偏要答非所问，用幽默暗示那人：不要再继续纠缠。

一个人如果过分认真，那么很容易一事无成。在待人处世中，许多

时候装得迟钝一点儿、傻一点儿、糊涂一点儿，往往比过于明白更有利。

靠"糊涂"得到好处

第二次世界大战中，美国小罗奇福特领导的一个小组在中途岛之战前成功地破译了日本人的密码，得到了日军海上作战部署的确切情报，并有针对性地进行了作战准备。

谁知，就在这个节骨眼上，嗅觉灵敏的美国一新闻记者得到了这一绝密情报，竟然不知天高地厚将其作为独家新闻在芝加哥一家报纸上给捅了出来。这样的行动，随时都可能引起日本人的警觉而更换密码和调整作战部署。

发生了如此严重泄露国家战时情报的事件，作为美国战时总统的罗斯福对此却置若罔闻，既没有责成追查，也没有兴师问罪，更没有因此而调整军事部署，而是装作一概不知的糊涂样子。结果事情很快就烟消云散了，就像什么事也没发生一样，根本没有引起日本情报部门的重视。在中途岛战役中，美军靠"糊涂"得到了大便宜。

社会经验丰富的人都知道，待人处世中，与上司打交道最不容易。因为上司把控着自己的命运，弄不好，前途就会黯然无光。

所以与上司交往最好的技巧就是"揣着明白装糊涂"。也就是说，自己心里明白，却假装糊涂，不去认真计较。

同样，作为领导者，也应该精通此道。有不少的领导对于下属的一些小是小非的问题最感兴趣，最爱打听也最爱多管闲事。他们不知道，下属在领导面前，普遍存在着一种压抑感和被动感。他们的缺点错误和身上发生的不光彩的事情最怕领导知道。

所以，对那些鸡毛蒜皮的小事，要运用糊涂的办法，如果听见了就装作耳聋，当作没听见；看见了，就装作眼盲，当作没看见。而且在思想上要当作一点儿事都不知道那样泰然处之，在嘴巴上当作一点儿都不知道那样从不谈及。

对于那些因风俗习惯引起的一些问题，或是妇女们、青少年、老年人之间发生的一些无伤大雅、无关大局的问题，领导最好不要去过问，知道了也应装作不知道。如果下属已经发现领导知道了，就不能采用"装不知"的办法了，则可以采取"装不懂"的办法来应付，摇摇手，说声"这个我不懂"，并不再追问。

七十二行，行行有"行话"，许多人中间互相有"暗话"，某些"行话""暗话"，下属最忌领导知道，因为这些是用来互相取笑的。对于这样的"行话""暗话"，听到了，又知道了其中的意思，也要装不懂，即使自己被骂上两句也要装傻；甚至还傻笑几声。这样彼此间会出现一种热闹而有趣的气氛。如果认真去分析，严肃去教育，反会使大家索然，一点儿好处也没有。在这类问题上，装聋卖傻并不失声望。

糊涂的技巧是一种成功之道，当然这是指小事情的小糊涂。如果一切皆明白于心，恐怕会心生烦乱，干扰工作。其实，巧妙地装糊涂更是一种真聪明，显示出智慧，不但给各种繁杂的事情涂上润滑油，使得其顺利运转，也能让生活中充满笑声，显得轻松明快；相反，老实认真只会导致木呆刻板，甚至使事情陷入僵局。

糊涂是福，这时的糊涂是装糊涂而不是真糊涂，这是一种明智的处事态度。一旦掌握了这种诀窍，你就会在处事时获得许多好处。

第三节　不争不抢，甘做第二的智慧

生当第二名并非真的是甘愿被人超越，而是可以从"第二名"中尝到更多的甜头，进而让自己在一开始顺势获得利益。做"老二"并不是最终目的，而是一种手段，最后目标当然是为了成为第一。

为而不争，无与之争

换个角度考虑，甘当老二，在某种程度上也是一种自信。只有先当老二，才有机会争取做老大，成为第一。古诗有云："山外青山楼外楼。"一个人不可能时时处处胜过大多数人。每一个人都有各自的优势和长处，也都有自己的缺点与弊端。扬长避短最为明智，拿自己最不擅长的柔弱之处去硬碰别人修炼得最拿手的看家本领，其结果是可想而知的。

每个人都有各自的潜能，但不可能在所有地方都有机会发挥出来。只能在一个地方用足自己的力气，在没有用力气的地方，在无暇顾及的地方必然不如那些在这地方铆足了劲儿用功的人。一个人的精力毕竟有限，机会也有限，所以每个人能超越别人的地方肯定极少极少，而不如人的地方也是很多很多。只有对这一点看开了，才能得到从容的心态，才能真正地步入第一的队列。

世界上到处充斥着竞争，官场有官场的竞争，职场有职场的竞争，商场有商场的竞争，情场有情场的竞争。任何竞争都需要有勇气，也更需要策略，而其中最好的策略就是在竞争中恰当地保持低调，不处处争第一，不处处争先。

老子说："圣人之道，为而不争""天之道，不争而善胜"。这里的"为"是指脚踏实地的做事，所得是真正的成功，有利众人，亦有利自己，心气平和而爱人；"争"则是以压倒别人为能事，损人而不利己，心胸狭窄而嫉恨，所得是紧张焦急与寂寞，即使有所成，亦必有限。

"争"是愚昧见识短的表现，它的所得永远抵不上所失。得到的只是不切实际、空空的名誉以及不合逻辑的名次。那些视"赢"如命、特别善于竞争的人，在他们眼里第三名和最后一名没有任何区别。他们的人生哲学是：胜利就等于一切，世界上只有两类人——胜利者和失败者，所以他们几乎无时无刻不处于压力之中。失败了，他们灰心沮丧，拼命想下次再赢；胜利了，他们欢呼雀跃，拼命想保持下次还赢。那么压力就无时无刻不在侵扰着他们。

当一个人熟练地掌握了一门技能，或发现可以把某件事情做得非常好的时候，这种感觉的确很好。你为了增进自己的某种能力去和别人竞争，只要不做得太过分，就有助于自己能力的提高。但这种激励要保持在一个恰当的范围里，要是太过分，把自己的成就感建立在他人的痛苦之上，这个人就没办法获得安宁了。不要以为获得第一就会为自己带来快乐和满足，永恒的安宁从来不是从谋取极大的成就感中得到的；相反，只能从中得到不断膨胀的欲望和愈来愈大的野心。

当一个人为了去得第一而和人拼得头破血流时，请仔细想想这样做到底有何意义？为了争取胜利不择手段去伤害别人，让别人失败，这是一个明智的人的做法吗？当看到别人灰头土脸的时候，真的会为此而开心吗？其实多数时候，一个人殚精竭虑抢来的东西或许根本不是自己想要的，而它更可能会是别人的至宝，这样是不是残忍？赢了不能说明伟大或者高尚，更多时候它只能显示一个人的野心和欲望。

人们时常能发现，喜欢竞争的人，通常只是迷失在掌声与虚名中。倒是那些脚踏实地的人，更可以得到无愧于心的收获。正因为看清了事情的本质，才能获得真正的成功。

把心态放平和一点儿，低调一点儿，别人失意的时候加以鼓励，别人成功时也给予由衷的祝贺，这样便能用更健康积极的心态去面对人生中的挑战。

当第一固然风光，却也容易成为众矢之的，有头脑的人是深解其中之意的，所以他们在不具备当老大的能力时，都是安居老二的。

学会做老二，是一种现实的选择，更是一种社会生存的需要。在品牌的世界里，采取老二法则，品牌运作会更容易成功，收益会更大。因为做老二同样有很多别人无法取代的优势，比如说后发制人的优势，比如说少犯错误的优势，比如说大树底下好乘凉的优势，比如说学习对手的优势，比如说差异化出击的优势……这些优势是任何第一名所不能享受到的，第一名能够得到的是市场宣传的虚名，比起老

一个人如果能不管际遇如何，保持一颗平常心，那比拥有百万更有福气。生活中拂逆的事情是很多的。俗话说："不如意事十有八九。"每个人一生很少能真正感到自己的生活一帆风顺，海阔天空。人生遭遇不是个人力量所能左右的，在诡谲多变的环境之中，唯一能使人们不觉其拂逆的办法，就是使自己"随遇而安"。

做人就像船只在大海上航行，不知什么时候会遭遇风暴，不知哪里会涌出另一股洋流。如果人们接受这一现实，在某些情况下，顺着风向和洋流，可能绕一些道，却也达到了目的。如果一味地抗拒，认为最直的路线就是最好的路线，倔强地挺进，那么在波涛汹涌的海面上，或是牺牲了自己，或是到达目的地时已经精疲力竭。

为了最终实现自己的愿望，也为了整个过程放松自己，人们应该承认生活的法则同自然的法则一样，不必强求，而应随遇而安。

因势利导，发掘快乐

有一位搭运长途车子回家的旅客。车到中途，忽然抛锚。那时正是夏天，午后的天气，闷热难当，车在烈日炎炎的公路上无法前进，更是让人着急。可是，他当时一看情形，就知道急也没有用处，反正得耐心等车子修复才可以走。于是，他问了问司机，知道要三四个小时才可修好，就独自步行到附近的海滨游泳去了。

海滨清静凉爽，风景宜人，在海水中畅游之后，不高兴的心情完全消失。等他游泳兴尽回来，车子已经修好待发。之后，他逢人便说："真是一次最愉快的旅行。"

随遇而安的妙处由此可见一斑。假如换了别人，在这种情况之下，恐怕只好站在烈日之下，一面抱怨，一面着急。而那个车子，不会提早一分钟修好，那次旅行也一定是一次最痛苦、最烦恼的旅行。

环境和遭遇常有不如人意的时候，问题在于个人怎样面对拂逆和不

科学与人生——品味文明人生

顺。知道人力不能改变的时候，就不如面对现实，随遇而安。与其怨天尤人，徒增苦恼，倒不如因势利导，适应环境，在既有的条件中，尽自己的力量和智慧去发掘乐趣。

生活中某些人在自己狭隘的天地里专心于各式各样的戏剧性表演。他们的虚张声势和小题大做只会使人感到可笑。人生所有的矫揉造作、装腔作势、哗众取宠和故弄玄虚一旦曝光在平心静气、朴素淡雅的心境之下，立刻就变成人们茶余饭后的笑料。心底宽宏旷达的人，对眼里的一切，是喜怒哀乐也罢，是辛酸苦辣也好，都给予淡淡一笑。

就整个宇宙的无限空间而言，人类居住的地球只不过犹如一粒尘埃，地球上的小小生物与无边的宇宙相比，真是小得可怜；就漫长绵延的无限时间而言，人类的生命只不过犹如短暂的浪花泡沫；那些比生命更短暂的功名利禄，如果和万古无尽的时空相比，真似过眼烟云。因此，一个人能够乐天知命，守住自己的本分，则无处不逍遥；一个人能够以达观的态度看世界，则无处不潇洒。

第五节　得失两便，
顺逆同流悠然处之

月有阴晴圆缺，人有悲欢离合。生命的旅途充满崎岖和坎坷，如果患得患失，就只会被悲观、绝望蒙蔽心智，这样的人生之旅如负重登山，将会举步艰难。我们应该明白：有所失才有所得，有小失才有大得，有局部之失才能有整体之得。

可破，当初我不过是一个月四两银子的伙计，眼下光景没什么不好。以前种种，譬如昨日死；以后种种，譬如今日生吧。"胡雪岩失去了一手经营的万贯家财，却没失去心理上的平衡。

人生的许多烦恼其实都源于得与失的矛盾。如果单纯就事论事来讲，得就是得到，失就是失去，两者泾渭分明，水火不容。但是，从人的生活整体而言，得与失又是相互联系、可分的，甚至在一定程度上，人们可以将其视为同一件事情。不妨睁开眼睛仔细看一看，动动脑子认真想一想，在生活中有什么事情纯粹是利，有什么东西全然是弊？显然没有，所以智者都晓得，天下之事，有得必有失，有失必有得。

> 心理学界有一个名词叫"瓦伦达心态"。
>
> 瓦伦达是美国一个著名的高空走钢索表演者，在一次重大的表演中，不幸失足身亡。他的妻子事后说，她知道这一次一定要出事，因为他上场前老是不停地说："这次太重要了，不能失败，绝不能失败。"而以前每次成功的表演，他只想着走钢索这件事本身，而不去想其他的事。后来，人们就把专心致志于做事本身而不去管这件事的意义、不患得患失的心态叫作"瓦伦达心态"。
>
> 美国斯坦福大学的一项研究也表明，人的大脑里的某一图像会像实际情况那样刺激人的神经系统。比如当一个高尔夫球手击球前若一再告诉自己"不要把球打进水里"时。他的大脑里往往就会出现"球掉进水里"的情景，而结果往往事与愿违，这时球大多都会掉进水里。这项研究从另一个方面证实了"瓦伦达心态"。这样看来，患得患失的心态实在是阻碍人们成功的大障碍。

在人生的漫长岁月中，每个人都会面临无数次的选择，这些选择可能会使人们的生活充满无尽的烦恼和难题，使人们不断地失去一些不想失去的东西，但同样是这些选择却又使人在不断地获得。失去的，也许永远无法补偿，但是得到的却是别人无法体会到的独特人生。因此面对得与失、顺与逆、成与败、荣与辱，要坦然待之。凡事重要的是过程，对结果要顺其自然，不必斤斤计较，耿耿于怀。

俗话说"万事有得必有失"，得与失就像小舟的两支桨、马车的两只轮，得失只在一瞬间。失去春天的葱绿，却能够得到丰硕的金秋；失去青春岁月，却能走进成熟的人生。失去，本是一种痛苦，但也是一种幸福，因为失去的同时也在获得。

一位成功人士对得失有较深的认识，他说得和失是相辅相成的，任何事情都会有正反两个方面，也就是说凡事都在得和失之间同时存在。在一个人认为自己得到的同时，其实在一方面可能会有一些东西失去，而在失去的同时，也可能会有一些你意想不到的收获。

人之一生，苦也罢，乐也罢，得也罢，失也罢，重要的是心间的一汪清潭里不能没有光辉。

> 顶上的松树，足下的流泉以及坐下的磐石，何曾因宠辱得失而抛却自在？又何曾因风霜雨雪而易移退缩，它们踏实无为，不变心性，方才有了千年的阅历，万年的长久，也才有了诗人的神韵和学者的品性。
>
> 终南山翠华池边的苍松，黄帝陵下的汉武帝手植柏，这些木中的祖宗，大雪摧折过它们的骨干，三九冰冻裂过它们的树皮，甚至它们还挨过顽童的斧子和毛虫鸟雀的啄啄，然而它们全然无言地忍受了，它们默默地自我修复、自我完善。到头来，这风霜雨雪，这刀斧虫雀，统统化作了其根下营养自身的泥土和涵育情操的基础。这是何等的气度和胸襟，相形之下，那些不惜以自己的尊严和人格与金钱地位、功名利禄做交换，最终腰缠万贯、飞黄腾达的小人的蝇营狗苟算得了什么？且让他暂时得逞又能怎样？

与人交往要得失两便。大家相识相交，本来就是一种很难得的缘分，只要大家合得来，且在一起相处很开心，那么就不必太计较自己是不是付出太多而得到太少，宁可别人欠我的，而绝不愿意自己亏欠别人，就算是真的付出太多而得到太少，最起码，自己心里可以很坦然，

间的幸福。

真正的喜悦不是每天都要追求到什么，而是每天都怀有一颗满足的心，愉快地生活。满足的秘诀，在于知道如何享受自己所拥有的，并能驱除自己能力之外的物欲。既然"遍地黄金"的日子还没有到来，既然是普通人，那么其他就显得无足轻重，还是脚踏实地、安心地过平实的生活。知足者常乐！

如果能闭上眼睛想想自己的生活，人们就会觉得自己拥有得太多了。但假如人们不懂得珍惜已经拥有的东西，得到再多又有什么意义呢？

不知足者不得乐

从前，有一个樵夫，靠每天上山砍柴为生，日复一日地过着平凡的日子。

有一天，樵夫跟往常一样上山去砍柴，在路上捡到一只受伤的银鸟，银鸟全身包裹着闪闪发光的银色羽毛。樵夫欣喜地说："啊！我一辈子从来没有看过这么漂亮的鸟！"于是把银鸟带回家，专心替银鸟疗伤。

在疗伤的日子里，银鸟每天唱歌给樵夫听，樵夫过着快乐的日子。

有一天，有个人看到樵夫的银鸟，告诉樵夫他看过金鸟，金鸟比银鸟漂亮上千倍，而且，歌也唱得比银鸟更好听。樵夫想，原来还有金鸟啊！

从此，樵夫每天只想着金鸟，也不再仔细聆听银鸟清脆的歌声，日子越来越不快乐。

一天，樵夫坐在门外，望着金黄的夕阳，想着金鸟到底有多美。此时，银鸟的伤已经康复，准备离去。银鸟飞到樵夫的身旁，最后一次唱歌给樵夫听，樵夫听完，只是感慨地说："你的羽毛虽然很漂亮，但是比不上金鸟的美丽；你的歌声虽然好听，但是比不上金鸟的动听。"

银鸟唱完歌，在樵夫身旁绕了三圈告别，向金黄的夕阳飞去。

樵夫望着银鸟，突然发现银鸟在夕阳的照射下，变成了美丽的金鸟。梦寐以求的金鸟，就在那里，只是金鸟已经飞走了，飞得远远的，再也不会回来。

人往往在不知不觉之中成了樵夫，自己却不知道，不知道原来金鸟就在自己身边。

有的人总是过多地考虑自己的利害得失，结果总是跟在成功者的后面跑来跑去，两手空空地走完了自己的一生。知足者能够认识到无止境的痛苦和欲望。由于人太贪婪了，欲望太强了，而其自身的能力又有限，这样必然会导致自己有此下场。

一个人越是拒绝在现状中寻求可以令自己满意的事物，不满就会持续得越久。愈不满，就愈沮丧，愈乞求于期望、憧憬。与其埋怨自己目前的处境，倒不如珍惜目前所拥有的一切，愉快地过平常人的生活。

"知足者常乐"，这是人们通常说服自己求得心理平衡的道理，也是糊涂修身的原则之一。老子也说："知足之足，常足矣。"

知足是快乐的重要条件。著名心理学家多易居说："人类不快乐的最大原因是欲望得不到满足与期望不得实现。"而美国的普拉格则详细地区分了"欲望"与"期望"。他说，虽然欲望也许有时会影响快乐，却是"美好人生"不可缺少和无法消除的成分；期望则是另一回事，例如，人们期望健康，但得付出努力。

普拉格举例说，某一天你发现身上长了个瘤，你忐忑不安地去找医师检查。一个礼拜后，当听到诊断结果是良性瘤时，就会感到这一天是你一生中最快乐的一天。

人活一生，人人都想生活得更美好，人们总会在各种可能的条件下选择那种能为自己带来较多幸福或满足的活法。所以，除了追求名利

了："不是钱，难道还能是别的什么？"

时光飞逝，转眼杰克已经在银行工作快半年了。这天，老板又问他："你手中数的还是钱吗？"杰克回答道："不，这不是钱，这是我的工作。"老板终于笑了："恭喜你，现在你的眼睛里已经没有钱了，我可以放心地把这份工作交给你了。"

恪守自己的原则和信念，对诱惑多一份抵抗力，这样虽然可能会失去一时的"利益"，但却守住了更多。正如例子中的杰克，他克制住了心中的欲望，当眼里没有了金钱而只有工作的时候，他便成为一个值得信任的人。

只有寡欲才能宽心，事事容得下、放得下，生活中无可烦厌之事，身心自然也就清澈了。思想得到净化，灵魂得到滋润，意气中和，超然物外，将自身置于丽日风光之内，这不正是颐养生性、修为净土的最佳境界吗？

总之，人们若能克制住非分之欲望，不为非分之欲所迷惑，做到心灵圣洁而不贪欲，寡欲清心、淡泊守志，就能刚锋永在、清节长存，就能无所畏惧、刚直不阿，成为一个心灵的强者。

第 6 章

理清人生的脉络，了解社会的科学

人生有尺，社会有度，心静则尺平，心明则尺准。当尺度完美结合时，人生有了方向，社会有了规则，世界就会因此而美丽。把握人生尺度，内心世界就有了深度，无论生活在何处，皆可超然于尘俗，来去自如，游刃有余。

道对方的需求，然后才能把精力投注到最需要的地方去。所有的人、所有的厂家和商人，无论是制造商、经销商，还是工人，他们的工作都应以满足人们的需要为目的。

　　有一个木匠失业了，在家里懒散度日。妻子看不下去了，让他出去找工作。离开家，他坐在海湾的岸边，把一块浸湿的木片削成一个小木人。当天晚上，他把小木人拿给孩子们玩，但孩子们因想拥有小木人而争吵了起来，于是他又削了一个。当他正在削第二个小木人的时候，一个邻居来拜访他，饶有兴趣地看了一会儿，说："你为什么不削玩具拿去卖呢？我想那一定很赚钱！"
　　"但是，"他说，"我不知道做些什么玩具好。"
　　"那就问问孩子们吧！"
　　这位木匠接受了邻居的建议。第二天早上，女儿从楼上下来时，他问："你想要什么样的玩具呢？"女儿告诉他，她想要玩具床、玩具脸盆架、玩具马车、玩具小雨伞，还说了一长串足以让他做一辈子的东西。
　　就这样，通过在家里询问自己的孩子，他获得了灵感。他找来烧火用的柴削出了那些结实的不涂色的玩具。许多年后，这些玩具传到了世界各地。这个木匠最初为自己的孩子做玩具，然后按照它们的式样做更多的玩具，通过他家隔壁的鞋店卖出去。开始的时候，他赚了一点儿钱，渐渐地越赚越多。

　　一个人可以通过了解自己家的孩子喜欢什么，从而判断别人家的孩子喜欢什么；通过了解自己、自己的妻子和孩子而知晓他人的内心。这是在事业上通向成功的一条道路。
　　有需求才有市场，知道别人需求什么，才能去做什么。重要的是，先知道别人需要什么，轻松地"一招抢先"，把它作为一个机会、一个事业做起来，就能够成功。
　　现代社会，不乏一部分人认为自己"怀才不遇"。这个"遇"也就是机遇，其实机遇处处都有，能不能得到，还要看这个人有没有发现机遇的能力。机遇并不是总在那里等着人去取，当机遇出现时，需要人具有敏锐的感觉，并且能够当机立断。

第二节　社会没有绝对的公平

很多时候，人们都会遇到这样的情况：同样面对高考，有人上了北大，有人却只能上个二本；一起工作，有人升官了自己却还是个小职员……人生本来就有许多的不公平。如果没有办法去改变，那么所能做的就只有接受，正如比尔·盖茨所说："社会是不公平的，我们要试着接受它。"

世上从来就没有绝对的公平，出身背景不同、家庭关系不同、受教育的程度不同……所有这些，都产生了人生境遇的不同。如果真的绝对公平了，反而是另一种不公平。一个人从出生开始，就必须无条件地接受这种不公平。

生活中没有绝对的公平，这是事实，任何人都不能改变。如果只会一味地对于不公平的事实抱怨、叹息、等待，一味地强求生活中不现实的绝对的公平，最终，只能在自己的叹息声中虚度一生。面对生活中的不公平，承认它、接受它、正视它，然后，努力生活，努力工作，我们才会找到属于自己的那份公平，把不公平甩在身后。

许多不公平的经历，人们是无法逃避的，也是无法选择的。只能接受已经存在的事实并进行自我调整。

承认生活是不公平的客观事实，并接受这不可避免的现实，放弃抱怨、沮丧，以平常心、进取心对待生活，不公平自然就会消失得无影无踪。

承认生活不公平，并不意味着不尽己之所能去改善生活，去改变整个世界。恰恰相反，它正表明人们应该努力做好分内的事，争取更大的成功。

在一夜之间，她便红遍了大江南北。

张茵出生于20世纪50年代的一个军人家庭，自幼家境清贫。1982年大学毕业后，张茵去了一家工厂做会计，后来又到一家贸易公司做包装纸的业务。再后来她去了香港，在一家贸易公司任会计；一年后，公司倒闭。面对失业的困境，张茵选择了继续留在香港，并决心创业。

创业之初，张茵也曾陷入困境之中，也曾感到社会带来的不公平。因为资金缺乏、资源困乏，张茵最初只能从废纸回收这种低端的生意做起。

虽然是从低端做起，张茵却是走高端经营的路线，从一开始就坚持品质至上，改变了香港过去往纸浆里面掺水的做法。但同时这也触犯了同行业的利益，违反了所谓的"行规"，甚至因此而接到过黑社会的恐吓电话。但是，面对如此困境，张茵并不退缩，也不抱怨，而是继续她的公道和诚实经营，很快便在香港的废纸回收市场占据了一席之地。

张茵逐渐把生活带给她的困境和不公平待遇甩在了身后。经过几年的发展，张茵摆脱了早期创业的艰难局面，公司一步步发展壮大。很快，香港的废纸回收已经不能满足公司的业务需求了。1990年，张茵决定扩大规模，她把目光投向了大洋彼岸——美国，创建了美国中南有限公司。

1996年，张茵的机会再一次降临。是时，中国的高档包装纸出现了供不应求的局面，张茵趁机建立了东莞玖龙纸业有限公司，以生产高档牛卡纸为主。从1996年到2006年，张茵先后注资二十多亿美元，对东莞玖龙纸业进行建设，使东莞玖龙纸业成为当时世界上屈指可数的巨型包装用纸生产企业之一。

事业的蒸蒸日上，道路畅通无阻，让张茵感觉，公平是靠自己争取的。

世界上的事从来都是一分耕耘，一分收获，有所施才有所获。只有有了对生活、对工作的付出，才有可能得到期望的回报。如果一个人拥

科学与人生——品味文明人生

有了让生活变得公平的资本，生活就会改变。要获得资本，就要付出汗水，做到了这一点，就掌握了生活的主动权，生活就是这样呈现公平的一面。

社会的不公平的确是存在的，但是它的存在并不能决定人生走向。不要整天抱怨社会的不公平，更不要以社会原本就不公平为借口而放弃努力，因为社会上不公平的存在只是决定了一个人的起点，却不能决定这个人的终点。奋力向前跑吧，别懈怠，先于他人到达终点后，不公平也会向自己低头。

第三节　识破社会的陷阱

社会具有复杂多面性，黑暗面也是以不可变面存在着。为了私欲，有些人或铤而走险，或精心策划，以图不法之利。面对此类诡诈、欺骗的种种陷阱，在社会中生存发展，辨识陷阱，躲避陷阱，有效处理后续问题，保护自己，也是必备技能之一。

社会上的"狮子洞"

一只年老的狮子生病了，躲在洞穴中大声地呻吟。附近的一些动物听到了狮子的呻吟，十分同情年老多病的狮子，纷纷进洞探视。

狐狸听到了消息也前往探视。走到洞穴前，只听到老狮子呻吟声愈来愈大，可怜极了，刚要进洞的狐狸，忽然竖起了耳朵，收回正欲跨进洞穴的前脚，在洞穴四周来回踱步。

洞里的老狮子忍不住问道："狐狸啊！既然来了，为什么不进来呢？"

雨，才能知道风雨后的天空是多么美丽。

挫折是泥泞人生路上的足迹

曾经有一位名僧告诉他的徒弟：晴天的路走过一百遍也不会有足印，而阴雨天的泥泞中却可留下哪怕是走过一次的脚印。人的一生若是一直走在坚硬的柏油路面上，是不会留下任何印记的；只有走在泥泞的路上，才能留下深深的足印；也只有那些在风雨中走过的人们，才知道痛苦和快乐究竟意味着什么。那泥泞中留下的两行足印见证着他们的价值。

1982年，18岁的马云第一次高考失败，之后他当过秘书、做过搬运工，后来，因为读了路遥的代表作《人生》，决心再次参加高考。

1983年，再次高考，再次落榜。

1984年，马云又参加了高考。这次他终于进入了杭州师范学院本科英语系。毕业后，马云当了一名英语教师。

1994年，30岁的马云开办了杭州第一家专业翻译社——海博翻译社。在一个偶然的机会他发现了互联网，就认定这是一个金矿。

1995年4月，他投入7000元，并向亲戚凑了两万元，创建了"海博网络"，产品就是"中国黄页"。营业额上去了，互联网普及了，马云却因为与杭州电信实力悬殊，而被迫与之合作。之后，马云和杭州电信分道扬镳，放弃了自己的中国黄页。

他的第一次创业宣告失败。紧接着，他又遭遇了第二次创业失败。但是这一次次的失败并没有让马云放弃创业之路。

1999年2月，马云开始向18位创业伙伴发表了激情洋溢的创业演讲。这次他注册了一家电子商务公司，注册资金只有50万元，办公地点就设在马云家中，最多的时候，一个房间里坐了35个人。

这些员工的工作状态几乎是疯狂的，他们每天要持续工作16

至18个小时，困了就席地而卧。阿里巴巴就这样孕育、诞生在马云家中。

马云两次高考落榜，做过搬运工，蹬过三轮，当过小贩，也曾两次创业失败，推出中国黄页的时候被人称为骗子，创建"阿里巴巴"的时候被人称作疯子，这些挫折在他的生命中都留下了痕迹：顽强、肯吃苦、不认输、不放弃。正是这无数次的挫折和失败，才成就了一个成功的马云。

挫折是泥泞道路上的脚印，当回望的时候，就会发现它们是如此的必要，如此地丰富了人生。一个人若总是一帆风顺，那么他的内心往往是脆弱的，在以后的人生道路上也经不起任何的风吹雨打。唯有经历了失败的磨砺，他才能在以后的道路上扛得住巨大的打击。

人是在挫折中成长的，每一次挫折就是一块绊脚石，把这些"石头"拼起来，就成了通向成功的彩虹桥。顺境中的人往往少有作为，经历了苦难的磨砺的人往往能迅速成长。

任何一个人想成就一番事业，就必须迎击生活中的风雨，只有经过风雨的洗礼，才会品味到人生的喜怒哀乐，才会在挫折中坚强，在失意中奋起，在痛苦和磨难中走向新的目标。

当一个人有幸经历贫穷，有幸经历低潮，有幸经历意外，不要把这些当作是命运的失宠。如果一味地埋怨、一味地堕落，就永远不会翻身。人生不如意事十之八九，每个人随时都有可能会遇到困难。只有经历挫折，才能获得阅历，才能从中取得财富。只有敢于和勇于在泥泞道路中行走的人，才会在逆境中奋发，闯出一片属于自己的天空。

从跌倒的地方站起来奔跑

挫折总会在人不防备的时候发动袭击，让人狠狠地摔一跤，有时甚至还会在没来得及爬起来的时候再推上一把。这个时候，要做的就是——从跌倒的地方爬起来，掸掸身上的尘土，重新上路。

被人称为"国际美容教母"的蒙妮坦国际集团董事长郑明明，有一个美丽的称号——"蒙妮坦不倒翁"。

1973年，她精心挑选了一批美容产品，带领6名受过训练的职员，在印度尼西亚的雅加达租了一间仓库，准备通过销售产品在那里开设蒙妮坦的分支机构。不料一场大火把仓库内的所有产品烧了个精光。

产品没了，多年的积蓄没有了，欠了银行一大笔贷款，还要赔偿被烧毁的仓库，这对创业初期的郑明明打击太大了。

她经常回忆这段往事："当时只感到两手空空，大脑也是空空的，什么都没有了。"就在她绝望的时候，忽然想到了自己的父亲，从小她就看到父亲的办公室桌上有许多"不倒翁"。

而且，她小时候父亲就常常鼓励她，人生中必定会遇到很多困难，做人一定要有"不倒翁精神"，跌倒了赶快站起来，才能实现理想。想到这里，郑明明从床上爬起来化好妆，重新走到人群中。

郑明明重新回到香港，努力重建事业，一年后还清了银行的所有贷款，手头还有了积蓄，于是再次创业。几十年风雨历程的背后一直都是父亲鼓励她的那些话在支撑着她。

后来，她在总结自己成功的经验时说："踏足内地的前8年，工作并不顺利，处处碰壁。对于当时的中国内地来说，开办美容学校是不可思议的事情，因此面临很多困难。但是，每当我要打退堂鼓时，我就想起父亲的鼓励，于是就咬紧牙关，闯过难关。"

无论一个人做了多少准备，有一点是毋庸置疑的：每次进行新的尝试时，都有可能会犯错误。不管从事什么职业，在不断地对自己提出更高要求的时候，失败是无法完全规避掉的。但失败并非罪过，重要的是要从中吸取教训。只有那些跌倒了爬起来，掸掸身上尘土，再上场一拼的人，才会获得成功。

人的一生不可能总是一帆风顺的，命运总会在人毫无防备的情况下开个玩笑，让人栽个跟头、跌一跤。没关系，这些都是很正常的，跌倒了，爬起来继续往前走——不，是继续往前跑，甚至跑得更快，让挫折和苦难没有机会再来打扰自己。

人的一生是一个不断在压力和痛苦中挣扎的过程，每个人的一生都会有很多挫折、坎坷与无奈。但是，不能因为一时的失意而一蹶不振、徘徊不前。只有经过了千百次的磨砺与洗礼，才能慢慢变得成熟与稳重。那些曾经使人们难以承受的痛苦和磨难，都是人生的财富。

第五节　放弃抱怨才能改变人生

抱怨是进步的最大敌人，没有能力的人才会抱怨，一味地抱怨解决不了任何问题。在工作中遇到问题时，如果能对问题提出两个以上的解决方案，人们就会对这个人刮目相看。要想在社会上出人头地，走向成功，只有放弃抱怨，积极努力，才能彻底改变自己的人生！

每个人都不会一直是幸运的，面对一时的坎坷，很多人都会抱怨命运的不公平，感觉上帝捉弄了自己，却很少有人能正视自我，冷静地剖析自己，看自己是否已经磨炼成一块金子。

往往一些自身本事不是很大的人总是对别人充满了怨恨，而在抱怨的同时，他们几乎不可能与同事很好的相处，由此引来的是同事对他的不友好或领导对他工作不力的指责，这些反过来又会使他加倍地感到不公平。由此下去，形成恶性循环，最终使自己完全淹没在抱怨和愤恨之中不能自拔。抱怨的最终结果是塑造恶劣的自我形象。

怨恨没有任何作用

陈峰工作不到两年就换了6个单位。他和刘小伟是大学同学，最近他又闷闷不乐地来找刘小伟喝酒，说是在单位得不到老板的重视，身边的同事也不愿和他多说话，他自己对那份工作也失去兴趣了，最近正想着另找一份工作。

刘小伟十分了解陈峰的性格，他有上进心，但又很自负，总觉得自己比别人强，有时候甚至还不懂装懂。

上大学时，就是由于他的这种性格，导致他的人际关系非常糟糕，所以那时他就盼望早点儿毕业，他以为工作了就可以换个新环境，来摆脱学校这个他认为很糟糕的环境。但是，毕业了两年，他虽然频频跳槽，但一直郁郁不得志，毕业前的雄心壮志也荡然无存。

看着陈峰郁闷的样子，刘小伟没有直接说什么，而是给陈峰讲了一个故事：

一只乌鸦打算飞到南方去，途中遇到一只鸽子，一起停在树上休息。

鸽子问乌鸦："你为什么要离开这里呢？"

乌鸦叹了口气，愤愤不平地说："其实我不想离开这里，可是这里的居民都不喜欢我的叫声，他们看到我就撵，有些人甚至用石子打我，所以我想飞到别处去。"

鸽子好心地说："别白费力气了。如果你不改变自己的声音，飞到哪里都不会受欢迎的。"

陈峰听后，羞愧极了。他说非常感谢刘小伟给他讲的这个故事。

生活中经常有这种的现象，一些常常遭受挫折、打击的人，习惯于责备社会、抱怨人生，他们埋怨自己运气不好。而对于别人的成功与幸福，他们心里总是不平衡。在他们看来，这些足以说明生活使他们受到了不公平的待遇。

其实，无论生活中还是工作中，每个人都会遇到这样或那样的不公平。当一个人认为自己遇到了不公平的待遇时，先不要牢骚抱怨，而应冷静下来，想想到底问题出在哪里，找到问题的症结所在，然后寻求解决问题的方法。也许问题的症结就在自己身上，如果不改变自身的问题，无论你走到哪里，都不会受欢迎，都会受到"不公平"的待遇。

每个人都会遇到这样或那样的困境，遭遇这样或那样的不公正待遇。在这种情况下，大多数人都会愤愤不平，特别是人在年轻的时候，于是，也就有了"愤青"这个词。遭遇了不公，倾诉发泄一下也无可厚非，重要的是，发泄完了之后，要做什么？要做的是，静下心来，努力去奋斗，在自己的位子上做好应该做的事情，由"愤青"变成"奋青"。很快你就会发现，"不公平"已经走开，代之而来的是通过自己的努力取得成功。

也许身边的人经常会有人向你倾诉自己事业无成、婚恋失败、病魔缠身等痛苦的遭遇，并为此愤愤不平，抱怨上天对自己太不公平。其实，这样的痛苦和迷惘在每个人的生活中都有可能遇到。

遇到了这样的不公平，那应该怎么办？人生的路在哪里？别急，成功的路就在自己脚下。每个人只要能以脚踏实地的务实态度去奋斗，通过自身的才干和智慧，灵活地调整自己的目标，成功就会向你招手。

不做"愤青"做"奋青"

张璨出生于一个军人家庭，从小就接受正统的革命教育，也因此养成了开朗、豁达、坚强不屈的性格。

高中毕业后，张璨考上了北京大学国际政治系。在校期间，虽然张璨各方面表现都很出色，但是却在读大学三年级时被注销了学籍。

原来按照当时的规定，高考后被录取而不上大学的考生必须停考一年。但张璨却没有按照规定，她在第一年被大学录取后，由于不满意学校而选择了复读继续参加高考，这才顺利地考上了北京大学。

但是大三时此事被人发现并揭发，因此学校注销了她的学籍。

受到打击的张璨甚至想到了自杀。但是，军人父母遗传下来的坚强基因让她最终坚持修完了全部课程。最后，张璨依然没有拿到毕业证书，为了生存，她决定打工。

张璨在谋职的路上也经历了很多的挫折。谋职无门路时，她与同学李平、闫俊杰相遇了，并且，他们决定一起创业。

他们最初打算为日本爱普生公司销售打印机。他们虽然没钱订货，但却有满腔热忱，于是他们走进了爱普生公司驻北京办事处。

当时，爱普生公司正在为如何拓展中国市场的业务发愁，甚至为一年销售量只有500台而束手无策。张璨凭着真诚而颇有说服力的市场分析，最后让他们只用一纸借条就从爱普生公司驻北京办事处负责人那里搬走了一台打印样机。

一年后，张璨和闫俊杰将爱普生打印机在中国的销量提高到了1500台。

在20世纪80年代末到90年代初，张璨发现中关村的电脑生意非常火爆，也开始了她的电脑生意，并成立了自己的计算机贸易公司——达因公司。由于张璨的聪明、机敏而又踏实苦干的作风，她的公司后来被美国康柏公司看上，成为康柏在中国市场的总代理。

1993年，张璨开始涉足房地产。1997年，张璨的房地产公司资产已达到了10亿元。后来，张璨的达因公司成了一家有40多家分公司，横跨电脑、生物、房地产等领域，净资产超过4个多亿的达因集团。

达因集团有着不同的行业背景，因而也有不同的文化背景。回忆起这么多年的创业经历，张璨深有感触地说："其实一个人能做的事情是很有限的，只能是做好现在能做的事情。"

曾有几个北大行政学院的学生到张璨的公司去参观，谈到将来要去机关工作，每天还得打水扫地，他们怕自己的一腔热情很快就会被消磨掉。对此，他们向张璨请教。

张璨说，自己曾经也愤世嫉俗，对许多现实问题不满。但是，该打水扫地时，就得打水扫地；该忍受和忍耐时，就得忍受和忍耐！只有到了一定的地位，才能够有发言权。这是一个漫长的过程，是磨炼、体验，更是学习的过程。干大生意，也都是从小本经营开始的。

张璨说："每个人在自己位子上做好应该做的事情就行，用最小的力做一些最大价值的事情。"张璨用自己的经历证明成功落实在每个人的行动中，只要努力去做，努力去奋斗，成功就在每个人的脚下。

自强不息、奋斗不止的精神是人的立世之本。这个世界不是懒人的世界，如果没有寒窗苦读的艰辛，没有挥汗如雨的辛劳，没有在困境中坚韧冲刺的经历，任何人都难以得到生活丰厚的报酬。

所有成功的人，无一不是靠着艰辛的努力才换来了今天的成就，每个人都能够靠自己的努力改变自身的命运。不要把时间浪费在抱怨上，只要努力，总会有成功的机会。

第六节　先做社会的适者，再做生活的强者

遵循事物发展的客观规律

"识时务者为俊杰，通机变者为英豪"，自古多少英雄豪杰因为没有认清楚周围环境而功败垂成。

认清楚自己，还要认清楚周围所处的环境。古语说："识时务者为俊杰。"这个"时务"便是周围客观环境的变化。虽说"人定胜天"，但是也要遵循事物发展的客观规律。

守财和爱钱是同村的好友，两人从小一起长大，一起上学，一起辍学，连媳妇都是同一年娶的。至于家庭条件，那就是半斤对八两，谁也不比谁强。

这一年，他们同时来到了新开发的一个小区。这里的居民都是刚入住小区，不完善的配套和居民的牢骚意味着巨大的商机。

守财和爱钱深知这一点。

守财一直盯着那些空空的店铺，计划着自己心中的宏大蓝图；爱钱则总是在那些散落在周边的大排档、小菜摊上游荡，不停地借买东西的机会向他们打听着什么。

一周以后，守财贷款交了房租，开始店铺装修——他要开个小吃店。

一周以后，爱钱支起了小菜摊，买卖开张了。

一年以后，守财没有收回成本。

一年以后，爱钱的银行里已经有了五位数的存款。

两年后，守财蹲在菜摊上卖菜时，爱钱的店正在热火朝天地装修。

守财被城管追，爱钱一把将他拽进自己的店铺。

守财惊讶地看着爱钱："这是你的店？"

爱钱笑着说："是的。"

同样的开始，不同的结果。

从守财与爱钱的故事中不难看出：

第一，机遇也是风险。刚入住的小区配套不完善，入住率相应地也没那么高，租店铺不但需要资金，还需要装修，省了风里来雨里去，却多了成本。

第二，小区内的小吃店真的会生意很火吗？刚入住的购房者，大多数都在崭新的厨房享受做饭的乐趣。即便有懒人，他的早午餐大概也是在上班的路上或者写字楼的餐厅里得到解决。

第三，与第二条呼应的是，那些喜欢厨房的人，总是需要买菜的，卖菜需要多少成本？

第四，发展中的小城镇，城市管理尚不完善，居民也需要便民菜摊。等到一切步入正轨，城市市容建设也就不再欢迎四处摆摊设点，完善的管理体系也意味着小打小闹的商机变成了政府和居民的公敌。

第五，安逸是每个人都追求的生活，但是没有付出的安逸意味着后面需要付出更大的辛劳。创业初期，贷款纵然能解决问题，同时也在增加运营成本，增加运营风险。

故事很小，哲理不小。每个人都有创业的梦想，每个人也基本都具备创业的条件，但是有的人尚未启程便已退却，有的人虽已上路却不能走远，有的人则历尽坎坷终成大业。

清楚环境，适应环境

很重要的一点是，是否认清楚了自己所处的环境，是否可以让自己顺应环境的变化。我们首先要承认，我们都是普通人，我们不能改变环境，便只能去适应它。

一个人要想生存，要想成为强者，就必须跟着时代的脚步一起发展。也就是说，人们要想改变生存环境，首先必须顺应环境。如果一个人想改变生存环境，却不能首先顺应环境，那么想改变环境的目的是不可能达到的。

顺应环境，就是要将自己的志向、兴趣和追求融入现实生活之中，使个人志向和兴趣爱好服从社会的需要。任何人都不能离开时代和社会的需要，把自己孤立起来，钻进"自我实现"的象牙塔中去干所谓的个人事业。

顺应环境，还要有效地改造环境，以自己的主观能动作用促使环境利于个人成才。假如周围经常有人向自己投来嫉妒、讽刺的目光，那么首先要从改善与这些人的关系做起。不要孤芳自赏或自命清高，要与人平等相处、友好相待、以诚感人。顺应环境，也是直面人生，正视自我。不要总是抱怨环境的不佳、哀叹命运的不顺，是珍珠，无论在哪里，终究会放出璀璨的光亮；是金刚钻，无论钻到哪里，一定会钻出扎实的深孔。倘若遇到不顺就想着调单位、换环境，便会使宝贵的人生在"东迁西徙"中付之东流。到头来：白了少年头，空悲切。

年轻的时候，个性张扬，认为周围的一切都与自己的个性格格不入，于是特立独行，希望一己之力而改变固有的游戏规则，但是稚嫩的肩膀却扛不起如此沉重的责任，最终头破血流。这是年轻人对自己、对环境的迷失。因此，认清楚周围的环境、顺应环境，进而影响环境、改变环境，便是一个人成就自我的全过程。

第 7 章

紧随人生的节拍，缔造科学的活法

生命是一片树叶，绿了枯了，必然；青春是一朵鲜花，开了谢了，天然；金钱是一班列车，进了出了，淡然；往事是一道风景，远了忘了，嫣然；事业是一场博弈，输了赢了，坦然；感情是一杯茶水，浓了淡了，自然。我们既然活着，就要好好地、科学地活着。

第一节　捕捉生命，重视生活

人海里漂浮，许多人从来不知自己所为何来，去向何方。

自己这一生到底是为了什么？面对这个问题，许多人都不知如何回答。也许因为生活的脚步太过匆忙，在他们心中从来都没有想过这个话题。然而，不去想走向何方，又如何能够到达？

规划人生，规划生活

几年前，小明曾遇到一个中年人。他四十来岁，孩子上初中，老婆和他都上班。每天，他都是骑着自行车去上班，下了班牵着狗去外边遛弯。在旁人眼里，他活得十分悠闲自在。

可有一天，小明和他坐在一起，问起他对将来的打算。

"没啥打算，人这一辈子就是混吃等死！"

听了这话，小明不禁愕然。

人这一生，最大的悲剧不是生活过得怎么艰难，而是不知道如何去走过人生，不知道自己的着力点在哪里，也不知道什么样的生活方式才是最适合自己的。

海德格尔曾说："人在现实中总是痛苦的，他必须寻找自己的精神家园。当通过对时间、历史、自然和生命的深刻思考，明白了家之所在时，他才获得了真正的自由。"他曾呼吁："人，应当诗意地栖居。"而这诗意的生命就是要人们用心去感悟生命，去思索生命的本原和意义，这样才能规划属于自己的人生，找到生命的归宿。

科学与人生——品味文明人生

"世界上除了用眼睛去看世界，还有一种内在的视觉，那也许更真实，那就是用心去看这个世界。"这是著名盲人女作家海伦·凯勒的一段真情表白。和常人不同，她没有一双明亮的眼睛可以看到世界的五彩斑斓。然而，也正因为如此，她才更加用心地去倾听、感知这个世界。她甚至比常人更加清楚如何去发掘这个世界的美好，如何去挖掘生命的价值和意义。因为大多数人是用眼睛去感知世界，而她是用心灵去体味生命。

而在现实生活中，人的眼睛总是盯着花花绿绿的世界，却常常看不到内心的自己；人们的耳朵总是充斥着各种外界的声音，却听不到内心的声音。其实只有来自内心的声音，才是最真实、最可靠的。

找到人生最大的快乐

为了生计，一位来自韩国的留美学生不得不到一家饭店打工。每天看着周围的富人进进出出，他心里十分羡慕。工作之余，他与一位大厨闲聊，就忍不住说道："你等着看吧，我总有一天要成为华尔街的名人。"

"年轻人，你将来有什么打算？"大厨好奇地问。

"我要进入一流的跨国公司，在那里工作，不但收入丰厚，而且前途无量。"

"我不是问你的前途，"大厨摇了摇头，说道，"我是问你认为自己将来应该做些什么？"

留学生一怔，他从来没有想过这个问题，只是一心想要赚钱。

大厨也不追问，只是自顾自地叹道："如果经济这样低迷下去，餐馆的生意再不景气，我只好回去做我的银行经理了。"

留学生顿时目瞪口呆，他不敢相信自己的耳朵。眼前这个满身油渍的大厨怎么会和银行经理相关联呢？

然而，在接下来的谈话中，他得知这位大厨几年前的确在一家著名的银行当投资经理。

"那时的我，每天披星戴月，早出晚归，没有一点儿自己的业余生活。我非常喜欢孩子，可每个月陪伴孩子的时间不超过10个小时。从年轻时开始，我就喜欢烹饪，每次做完饭，家人和朋友都对我的厨艺赞不绝口。看到他们津津有味地品尝我的饭菜，我的心里开心极了。有一天，当我凌晨时分结束一天的工作，啃着令人生厌的汉堡充饥时，便下定决心，要摆脱这种刻板的工作，选择我喜欢的烹饪工作。现在的生活，虽然收入没有做银行经理多，但每天都有许多人跑很远的路来品尝我的饭菜，所以我感觉自己快乐无比。"

对于这位大厨而言，通过自己的劳动让大家都能够享受至真至上的美味，就是自己人生最大的快乐。事实上，每个人都有自己人生的落脚点。此生如何度过？以何为自己最大的满足和快乐？所有这些，也许只有自己的内心最清楚。人们可以为了一时的生存让心灵暂时地漂泊，一旦我们不再为衣食所忧，就应该努力让自己的心灵回归本真的快乐。而只有把心静下来，才能真正去回归自己的内心，更加清晰地审视自己的人生。

在《给青年诗人的10封信》中，著名诗人莱尔这样写道："请走向你的内心，探索那个叫你写的原因，考察它的根是不是盘在内心的深处。你要坦白承认，万一你写不出来，是不是必须因此而放弃，这是最重要的。在深夜万籁俱寂的时候，问问自己：我必须写吗？在对内心的拷问中，也许你会找到一个深刻的答案。"

一个诗人，只有虔诚地面对内心，才能写出纯净如水的句子。其实，何止是诗人，生活中每一个人都需要时常对照自己的内心，倾听一下来自内心的声音，体味生命的真谛。只有尝试着去与自己的灵魂对话，我们才能更好地找到自己，看清自己，认识生命的本质，定位人生的意义。

重新审视生活

《天堂的颜色》曾获得2000年蒙特利尔国际电影节的最佳影片奖，这部影片讲述了一个少年盲人穆罕默德是如何通过自己的心灵去看待世界、感悟人生的。

在乡下，他用双手抚摸着田园的风光、用耳朵倾听着小鸟的歌唱、用鼻子贪婪地呼吸着泥土的气息……他的生活没有成年世界的浮躁、烦恼和沉重。在那个看不到亮光的黑暗世界里，他用心去感受着身边的一切，倾听着强劲有力的生命律动。虽然他无法看到周围的一切，可在他的脑海里，世界是一个无比美丽的天堂。

在影片中，当小穆罕默德悲剧性的一生逐步展开时，他却感到"这也是一种生活"。原来每个人都有一份对生命的渴望，不论这个人身体是否健全，只要用心去体会，生命的本质都不会发生丝毫的改变。每个人都可以找到自己生命的意义。

正如电影刚开始时的那句旁白所言："你既看得见，又看不见。"这既是对盲童穆罕默德的准确描述，也是对众多的眼睛完好者一针见血的概括。这句看似随意的话却蕴涵着极深的生活哲理。它给每个人一种提醒和警示，使我们时时不忘反省自己同世界万物的关系。

法国哲学家帕茨卡尔曾经说过："人不过是一根苇秆，是自然界最脆弱的东西，但他是一根能思想的苇秆，他全部的尊严就在于思想。"

当年，凡·高在向日葵地里思索艺术与生命，在明艳的向日葵花海中表现自己对生活的热爱；释迦牟尼在菩提树下静坐冥思，终于悟出生命的大道；也是在对生活的思索中，梭罗不无疑惑地询问自己："我从何处而来，我生活在何处？"所以他来到瓦尔登湖畔，甘心过一种简单的生活。陶潜回到了田园，王维走进了山林，他们走进了自己的灵魂，感悟到了人生真正的意义。

不论是达官权贵，还是凡夫俗子，每个人都需要思索自己的人生。只有放下生命中太多的浮躁与繁杂，用心去体味生命，才能从容释放自己的思想，清楚自己需要的是什么，该如何去做，才能从容进退，淡然而行。

不知是谁说过："捕捉生命，一如梦境，一如倒影。"心若止水的时候，往往最能映照出生命的本真和意义。佛说："一花一世界，一叶一如来。"带着一颗宁静的心去笑看花开花落、人世沉浮，生命自然充盈着喜悦和丰足。

第二节　左右人生的两种力量

人生被两种力量左右。第一种力量是命运。人们带着各自的命运来到世上，而且在不知命运如何的情况下被命运牵引或催促着度过一生。也许有人持有不同观点，但我认为命运的存在是毋庸置疑的事实。

人确实受某种力量支配着，它不受个人的意志或思想所左右。它不顾人类的喜怒哀乐，像奔流不息的大河，贯穿着我们的一生，一刻不停地把我们带向大海。

那么，人类在命运面前无能为力吗？并非如此。因为还有另外一只从根本上掌控人生的无形巨手，即"因果报应的法则"，也即左右人生的第二种力量。

简而言之，善有善报，恶有恶报。所谓善因产生善果，恶因产生恶果，这是原因和结果直接相关的简单明快的"陈规"。

发生在人们身上的一切一定有其必然的原因。它不是别的，就是自己的思想和行为。所有这些思想和行为就是原因，随即产生结果。现在在想什么，在做什么，这些都是原因，必然导致某种结果。而且，对这个结果的反应又转变为导致下一个结果的原因，因果定律的无限循环又可以支配我们的人生。

　　可以这样说，命运和因果定律这两种力量左右着每一个人的人生。命运是经线，因果报应则是纬线，经线和纬线织成人生这块布。

命运掌握在自己手中

　　袁了凡出生于医术世家，早年丧父，由母亲一手养育。在继承祖业学习医学的少年时期，有位老者突然来访，告之："我是研究《易经》的，顺应天命来传授易学精髓的。"并对其母亲说："也许你想让你儿子成为医生，但是，他不会走这条路的。恐怕过一段时间以后，他将接受科举考试，成为一名官吏。"并一一预言了该少年的命运，除了几岁参加什么考试，在多少人中以第几名的成绩考取之外，还有年纪轻轻就任职地方府官，非常有出息以及婚后不能育子，53岁时死亡等。

　　在这之后，了凡的人生全部与预言所说的一样。一天，当上地方府官的了凡造访一位赫赫有名的长老，和长老一起盘腿打坐。此时，他万念皆空，非常了不起，所以，长老非常感动，问道："你打禅时没有一点儿私心杂念，非常好。你在哪里修行过？"了凡介绍了自己没有任何修行的经历，还告诉他自己少年时曾经遇到老者的事。

　　"我走过的人生和老者所说的完全一样。不久我将在53岁时死去，这也是我的命运吧。所以，我现在没有任何烦恼。"

　　但是，长老听到这里大声呵斥了凡："我还以为你是一个年纪轻轻就达到醒悟境界的人物，其实你是一个大白痴。难道你的人生就是顺从命运吗？命运虽是上苍赐予的，但绝对不是不可改变的。如果思善事、做善事，那么，你今后的人生就能够超越命运并向更好的方向转变。"

　　长老解释了因果报应的法则。了凡认真听取了长老的话，而且，从那以后，他不做恶事、积累善行。结果，被预言不能生孩子的他也有了自己的孩子，寿命也大大超过预言的年龄，终其天寿。

命运是可以通过自己的力量改变的。不断思善事、做善事，因果报应的定律就能发挥作用，好人必有好报就能度过一个美好人生。这就是"立命"的意义。

因果法则于人生的意义

因果定律有时难以被人看清并轻易相信，思想、言行作为结果表现出来还需要相应的时间。

如果用二三十年这么长的时间跨度来看，原因和结果通常是非常吻合的。如果用三四十年的时间跨度来看，几乎所有的人都在各自的人生中得到了与日常言行和生活态度相吻合的因果关系。

长远来看，诚恳地不吝惜善行的人不会永远时运不济，而懒惰、敷衍了事的人不可能荣华一世。确实，做了坏事的人也许会小人得势一时，而努力做善事的人也许会一时命运不济。但随着时间的推移，这些将慢慢得到修正，终将得到与各自言行或生活态度一致的结果，逐步趋近于与此人相称的境遇。

原因和结果可以如此连接。虽短期不一定立竿见影，但从长远角度看，善因通向善果，恶因招致恶果，因果关系非常符合逻辑。

《菜根谭》中写道："行善而不见其益，犹如草拟冬瓜，自行暗长。"即使行善后的回报没有马上表现出来，那也是好比草丛中的冬瓜一样，即使人眼看不见，它也依然会茁壮成长。

牢记这句话：不要为暂时没有好的结果而焦躁，每日孜孜不倦、一心一意积累善行，最终一定会有好结果的。

第三节　磨砺心灵，塑造人生价值

时刻准备好说"谢谢"

常念"谢谢"这句话，无论对何人、何事，顺境的时候自不待言，身处逆境的时候也要说声"谢谢"，尽可能地做到感恩。

福祸像捻搓在一起的两股麻绳——好事、坏事交织在一起就是人生。所以，无论是好事还是坏事，无论晴空万里还是阴云密布，不变的是充满感恩信念的人生。幸福如期到来之际，灾难不期而至之时，都要表示感谢。毕竟自己还活着，还有生命，对此要有感恩之心。要在心中告诉自己，这会锤炼我们的心智，也将成为开启幸运之门的第一步。但是，说起来容易做起来难。无论天晴抑或下雨，持之以恒地不忘感恩是人生最难的修炼。例如，遭遇灾难之时，尽管你告诉他这也是修行，应有感谢之心，但是他很难做到。相反，他往往会产生"为什么只有我这么倒霉"的想法，由此怀抱怨恨之情也是人的本性吧。

那么，事情顺利时、好运惠顾时，人们能立即心生感激之情吗？这也不尽然。一边说"太好啦，太好啦"，一边视之为理所当然。甚至，还有人希望得到"更多"。人们不知不觉中忘记感恩精神，终而导致自己远离了幸福。

所以，即便做不到"无论发生什么都要有感恩之心"。那也要要求自己心怀感激，时刻准备好说"谢谢"。

若有困难，则感谢这次磨砺的机会；若好运惠顾，更要表示感谢。"谢谢""太感激了"——至少要有意识地准备好感谢之心。

还可以这样思考：感恩之情的确产生于满足之中，不满足决不会孕育感恩之心的。但是，满足和不满足究竟又是什么呢？能够简单地说，多得就满足，少得就不满足吗？

物质上也许如此。但是，同样的东西，有人不满足有人满足。即使是不多的东西，有人"知足"，也有人无论得到多少也不知足；有人无论怎样都不满意，也又有人任何时候都心满意足。

所以，说到底都是心态的问题。无论物质上处于何等条件，如果有一颗感恩的心，他就能够品味满足的感觉。

当喜则喜，保持率真的心态

如果感恩之心是幸福的诱因，那么率真的态度也许是进步之母。即使是刺耳的话，也可以以谦虚的态度聆听，当改之事能够在今日立即改正，这种率真的心态能提高我们的能力，改善我们的心智。

论述这种"率真之心"的重要性的代表人物之一是松下幸之助。松下先生认为自己没有学问，总是向他人请教，甚至被称为"经营之神"他一直不忘并贯彻"终生学徒"之心，这就是松下幸之助真正伟大之处。

当然，所谓率真，不是别让往右就往右，一味顺从。所谓率真之心，是指勇于承认自身不足，是善听他人意见的双耳、审视自我的真挚的双眼，并把它们常备于心。

> 稻盛和夫以前作为研究人员，每当专心致志做完一个实验、得出意料中的结果时，总是欢呼雀跃"太好了"，高兴得手舞足蹈。可是，他的助手都冷眼旁观地看着。
>
> 有一次，稻盛和夫一边高兴地跳起来，一边对助手说"你也高兴高兴呀！"助手露出一副无所谓的表情瞟他一眼，吐出一句话："你是多么轻率的人。你总是为一点小小的成功就高兴得不得了。能让一个男人高兴得跳起来的事情，一生中可能有一两次就不错了。像你这样动不动就欢呼雀跃，只会让人觉得轻率。"

科学与人生——品味文明人生

听到这话的瞬间，稻盛和夫感觉浑身上下被泼了一瓢冷水。但是，他很快恢复神态，对助手说："你说得很对。但是，我认为取得成果时，哪怕成果再小，还是单纯、率真的高兴为好。即使多少有些轻率，但却是发自肺腑的欣喜和感恩，是继续从事研究和勤恳工作的动力。"

无论多么微小的事情，都要以高兴时的喜悦之情，感谢时的感激之心，毫无遮掩地率真面对。就在无意之中，稻盛和夫告诉了助手率真的重要性。

说起率真，不能忘记每日的自省也是磨砺心智的实践，也是率真的派生物。一个人无论自己做到多么谦虚，也总会有一些人摆出一副"不懂装懂"的样子。

"自满、傲慢、怠慢、不周、过失"，当人们发觉自己有这些错误言行的时候，就找机会自我反省，加强自律。只有这样孜孜不倦地每日反省自己，心灵才能得到净化和完善。

任何人都需要将心智朝好的方向提高，不仅要做一个有能力的人，还要做一个有人格的人；不仅要做一个聪明的人，还要做一个感恩的人。可以说这就是人生的目的、人生本来的意义。所谓人生，就是提升我们心智的过程。

那么，所谓提高心智到底是指什么呢？绝对不是指达到省悟的境界或者至高至善的境界那样困难，而是指当自己死亡时，心灵会比出生时变得更美，哪怕一点点，也就是心智略有磨炼的状态。换言之，是指抑制自私、冲动的自我，心态更加平和与包容，利他之心开始萌生。让与生俱来的身心变得更加美好，这就是我们人类活着的目的。

的确，在漫漫的宇宙历史长河中，人生只不过是短暂的一瞬。就是在这一瞬间，生命即将终结时的价值却高于生命开始时的价值，这就是生命的意义和目的。

人的生命只有一次。每个人都能体会到各种艰辛、悲痛、烦恼、挣扎，也能体验到生存的喜悦、欢乐和幸福。

把这些体验、过程作为磨砺自我心灵的过程，使谢幕时的灵魂比人生开幕时的灵魂更高尚一点点——如果能做到这一点，人生就有了足够的价值。

第四节　勤奋劳动
——幸福生活的重要源泉

做个勤奋的人

常有一些看来似乎就要成功的人——在许多人的眼里，他们能够并且应该成为这样或那样非凡的人物，但是，他们并没有成为真正的英雄。原因何在呢？

原因在于这些人没有付出与成功相应的代价。他们希望到达辉煌的巅峰，但不希望越过那些艰难的梯级；他们渴望赢得胜利，但不希望参加战斗；他们希望一切都一帆风顺，而不愿意遭遇任何阻力。

懒汉们常常抱怨，自己竟然没有能力让自己和家人衣食无忧；勤奋的人会说："我也许没有什么特别的才能，但我能够拼命干活以挣取面包。"

为了生存和发展，人必须辛勤地工作；为了生存和发展，必须努力克服挑战，设法解决许多难题。所以勤奋肯吃苦的人不但精神生活充沛，物质生活也丰富。勤奋的人健康有活力，前程乐观；反之，好逸恶劳的人会逐渐消沉、堕落。

勤奋代表一个人肯为自己的生活负责，是一位不敷衍塞责的务实者，这样的人肯在失败中寻找教训和经验，肯在顺境中打下更广的根基。更重要的是，他们有一种锲而不舍的乐观和冲劲。当别人笑他们不懂得享受时，他们却暗暗地告诉自己：劳动本身就是一种享受。这样的人的干劲是多方面的，他们不但工作得好，家居和教育子女也都很成功。

幸福是从人们的劳动、工作中产生的，事业是幸福的主要源泉之一。很多谚语形象生动地说明了幸福来自勤奋的真理。

　　巴西谚语：劳动出智慧，勤奋有幸福。

　　俄罗斯谚语：树以果子出名，人以劳动出名。

　　德国谚语：祈祷从天堂中取出幸福，劳动从大地中挖出幸福。

　　古代波斯谚语：千万不要认为劳动可耻，因为，凡是认为劳动可耻的人，在众人眼里反而是最可耻的人。

　　阿尔巴尼亚谚语：光靠祷告，葡萄是长不起来的，必须用锄头和铲子来劳动；不懈的劳动才能盖起大厦。

这些谚语从不同的角度通俗地说明了劳动、事业和幸福的关系。祷告从上帝那里获得幸福是虚幻的，只有从勤奋的劳动中获得的幸福才是现实的幸福。

　　古罗马人有两座圣殿，一座是勤奋的圣殿，一座是荣誉的圣殿。他们在安排座位时有一个顺序，即必须经过前者的座位，才能达到后者——勤奋是通往荣誉圣殿的必经之路。

不难看出，勤奋是一所成功之人必须进入其中学习的学校。在这里可以学到有用的知识，独立的意识会得到培养，坚韧不拔的意识也会得以养成。勤奋本身就是财富。如果是一个勤奋、肯干、刻苦的人，就能像蜜蜂一样，采的花越多，酿的蜜也就越多，享受到的甜美也越多。

无论是对个人还是对一个民族而言，懒惰都是一种堕落的、具有毁灭性威力的东西。懒惰、懈怠从来没有使人在世界历史上留下好名声，也永远不会留下好名声。懒惰是一种精神腐蚀剂，因为懒惰，人们不愿意爬过一个小山冈去观赏那一边的风景；因为懒惰，人们不愿意去战胜那些完全可以战胜的困难。因此，那些生性懒惰的人永远不可能在社会生活中成功。成功是那些辛勤劳动的人们头上的花环，懒惰是恶劣而卑鄙的精神重负。做人一旦与这个词语相连，就只会整天怨天尤人、精神沮丧、无所事事，而且对社会无用对别人无益。高尔基在谈到劳动的作用时说，"我知道什么是劳动：劳动是世界上一切欢乐和一切美好事情的源泉。我们世界上最美好的东西，都是由劳动、由人们的双手创造出来的。只有人的劳动才是神圣的。"

精勤自有丰收日

一位大学校长在给学生做演讲时说："天才就是不断努力的人。"纯粹靠勤奋和毅力也能产生让人惊讶的成果。即使一个人的智力比别人稍微差一些，实干也会在日积月累中弥补这个弱势。

实干并且坚持下去是对勤奋刻苦的最好注解。要做一个成功的人，就要像那些石匠一样，一次次地挥舞铁锤，才能把石头劈开。也许100次的努力和辛勤都不会有什么结果，但第101次的一击会使石头裂开，那就是成功的时候，这种成功正是勤劳刻苦的结果。

对于勤奋的人来说，上帝总是会给他最高的荣誉和奖赏。为了达到更好的更大的工作成就，加薪也好，提升也好，必须不断地奋斗。刻苦地训练专业技能尤其必要。勤奋的敬业精神更像一个助力器，把自己推到机遇与成功的行列。

如果你想成为一个有志于事业的人，就不要抱怨现在的工作，因为所有的抱怨都是徒劳的。应该不断地问自己："我勤奋吗？"勤奋是走向成功的坚实基础。当得到发展的机会，应该自豪地对自己说："这都是我刻苦努力的结果。"

勤奋的劳动之所以是神圣的，是因为劳动创造了人，创造了人类社会，创造了人类社会的一切。恩格斯在谈到劳动的神圣意义时指出："它是整个人类生活的第一个基本条件，而且达到这样的程度，以致我们在某种意义上不得不说：劳动创造了人本身。"人类产生的历史证明，是劳动使得类人猿的手和脚分了工；是劳动使得原始人产生了交流思想的语言；是劳动使类人猿的脑髓逐步发展成为人的大脑，从而使人成为世界上的"万物之灵"。

精勤自有丰收日，时光不负苦心人。学海无涯，唯勤是岸；功多艺熟，业精于勤。

第五节　带着感恩之心生活

感恩的心不是一生下来就有的，它是自己培养发掘出来的。如果想拥有美好的生活，就应该先撷取一颗感恩的心。

感恩父母赐予生命

在一次座谈会上，台湾第37届"十大杰出青年"之一，一家专门生产消防器材的大公司的厂长赖东进为大家讲了他的故事。

他的父亲是个瞎子，母亲也是个瞎子且弱智，除了姐姐和他，几个弟弟妹妹也都是瞎子。瞎眼的父亲和母亲只能当乞丐，住的是乱坟岗里的墓穴。他一生下来就和死人的白骨相伴，能走路了就和父母一起去乞讨。

他9岁的时候，有人对他父亲说："你应该送儿子去读书，要不他长大了还是要当乞丐。"父亲就送他去读书。为了供他读书，才13岁的姐姐去做工。照顾瞎眼父母和弟妹的重担落到了他单薄的肩上。他从不缺一节课，每天一放学就去讨饭，讨饭回来就跪着喂父母。后来，他上了一所中专学校并且获得了一份爱情，可是未来的丈母娘却说"天底下找不出他家那样的一家人"，把女儿锁在家里，用扁担把他打出了门……

故事讲到这里，他提高了声音："可是，我要说，我对生活充满感恩的心情。我感谢我的父母，他们虽然瞎，但他们给了我生命，直到现在我都还是跪着给他们喂饭；我也感谢我的丈母娘，是她用扁担打我，让我知道要想得到爱情，我必须奋斗，必须有出息……我还感谢苦难的命运，是苦难给了我磨炼，给了我这样一份与众不同的人生。"

父母给子女关怀，子女难道不该学会感恩吗？父母爱子女，子女也要学会用心去爱父母、体贴父母！

每个人都应该多一分关怀，少一分抱怨；多一分感恩，少一分不满。怀着一颗诚挚的感恩的心报答父母的养育之恩。

不知感恩，自断后路

唐玄宗的时候，蓟门有个和尚名字叫夜光。这个和尚聪明好学，通读了好多佛经，加之又有很好的辩论口才，因此很得寺里其他和尚的推崇。有个叫惠达的和尚，为人忠厚老实，家中有钱，因为羡慕夜光的才能，便与其交了朋友。

当时，玄宗皇帝信佛崇仙，到处访求和尚和方士。夜光和尚非常想去京城活动，以期得到皇帝的赏识。无奈囊中羞涩，便整天长吁短叹，很不开心。惠达和尚理解夜光的心情，便送他七十万钱，资助他去长安求见玄宗皇帝。

夜光到了京城，通过贿路公主很快见到了唐玄宗，并得到重用。

惠达听到夜光被重用的消息，非常高兴，便带了很多礼物到京城去探望夜光，并向他表示祝贺。夜光听说惠达来看他，以为惠达是来向他讨钱的，心中大为不悦，言谈十分冷落。惠达看出夜光的心思，只住了一天，就告辞而归。

夜光怕惠达再来，就给蓟门的驻军首领写封密信，说惠达来京告他谋反，让其小心。驻军首领接信后大怒，立即将惠达抓了起来，不由分说，立毙帐下。当蓟门的和尚们知道真相后，无不义愤填膺，纷纷斥责夜光的忘恩负义行为。过了没多久，夜光也因经常在睡觉时梦见惠达前来索命，惶惶不可终日而死亡。

夜光和尚的这种行为是与中华民族的传统美德相悖的，也是一切善良人们所不齿的。

中国有句古话："受人滴水之恩，定当涌泉相报。"从真心实意行善、做好事这方面来说，施恩者并不图报；而受恩者切不可以因他人不要求回报就心安理得，甚至恩将仇报。

年轻人刚踏入社会，资历尚浅，在前进的道路上肯定少不了他人的帮助。受到别人帮助后，向对方表示感谢，是天经地义的事。但现实生活中也有很多人把别人对自己的帮助当作一件理所应当的事情，没有一丁点儿的感恩之心。这样的人只会自断后路。

每个人每一天的生命，每时每刻在接受着父母的养育、师长的教育和社会的扶植。要如何回馈我们的父母、师长、社会大众呢？首先要懂得感恩，有了感恩之心，就会发愤图强，追求成功，所以感恩之心很重要。

在一个"与成功者对话"的论坛上，一位听众请教台上的企业家："您觉得一个人成功的秘诀在什么地方？"企业家没有讲一番大道理，而是告诉在座的各位"保持一颗感恩的心。只要你对人对事对物保持一颗感恩的心，你一定会成功。"这段话赢得了阵阵掌声。

很多经典都告诉人们要有一颗感恩的心。可是很少有人一语道破，成功的秘诀就是怀有一颗感恩的心。我们都要有一颗感恩的心，感谢别人的帮助。

两个在沙漠的旅人，已行走多日，在他们口渴难忍的时候，遇见一个老人，老人给了他们每人半碗水。

两个人面对同样的半碗水，一个抱怨水太少，不足以消解他身体的饥渴，愤怒之下竟将半碗水倒掉了；另一个也知道这半碗水不能完全解除身体的饥渴，但他拥有一种发自心底的感谢，并且怀着这份感恩的心情，喝下了这半碗水。

结果，后者因为喝了这半碗水，终于走出了沙漠。前者因为拒绝这半碗水而渴死在沙漠之中。

对生活怀有一颗感恩之心的人，即使遇上再大的灾难，也能熬过去。感恩者就算遇上祸，祸也能变成福。

成功人士告诫，不懂感恩可能会导致以下两点：

第一，不能享受既有的事物。我们并不是时时刻刻感觉到我们的财富，对自己没有感觉，我们怎么会因它而感激。

第二，不懂感恩，使人不能得到更多想要的东西。吱吱叫的轮子可能最先得到润滑，最后却会先被换掉。

不懂感恩会妨碍成功——越不知感恩，阻碍越大。所以，做人要懂得感恩。

有些人对恩情感觉迟钝，对怨恨却十分敏感。这类人对别人的要求特别高，喜欢用自己的思考模式来规范他人，整天抱怨他人，却不知好好检讨自己，结果往往成为不受欢迎的人物。这类人多半自以为是，从不考虑自己的责任，老是认为别人在算计他，对他不怀好意，想要陷害他。

对于曾经帮助过的人，表达感激是一种好习惯。很遗憾，许多人对这样的方式都不习惯。凡事开头难，尤其是习惯的养成，但是尝试做一两次，会发现其实并不难，难的是能否愿意付诸行动，让人生不留遗憾。

科学与人生—品味文明人生

第六节　让过去过去，活着的意义在于当下

活在当下，感受当下

曲折的人生道路上，每个人都难免会失去一些宝贵的东西，都难免会有陷入回忆颓废不振的时候。每当此时，就应该多多感受下来自身边的温暖，往往是他人一句鼓励的话、一个友好的举动，就足以放开回忆，战胜自己的懦弱和胆怯。放开回忆，会发现身边有一个人正在与自己同舟共济、患难与共，共同撑起爱的雨伞，走过人生路上的风风雨雨。过去已经成为历史，即使回忆再多，也不能挽回。

"人生之事，不如意事十有八九。"人们必须认清这个事实，放开对过去的缅怀与追忆，努力生活下去，让自己活在当下，感受当下。心理学家马斯洛曾说："心若改变，你的态度就跟着改变；态度改变，你的习惯就跟着改变；习惯改变，你的性格就跟着改变；性格改变，你的人生就跟着改变。"

用平常之心对待每一天，用感恩之心对待"当下"的生活，才能理解生活的真谛！人生的意义不仅仅在于要获得成功，更多的是要享受一路走来的点点滴滴。

成长本身就是一段旅途，更是一次心灵的旅行！在旅途中，人们慢慢长大；在旅途中，人们的心灵经受着一次又一次的历练，一场又一场风雨的洗礼！它变得厚重，变得坚强，更变得无坚不摧！每一次失误，每一次遗憾，每一次伤害，都是成长的过程中珍贵的

财富！谁都会犯错，会失败，会迷茫，但要时时刻刻保持一个好的心态来面对。

很多人喜欢回忆过去的辉煌，喜欢把过去的辉煌挂在嘴边，喜欢说："想当年，我怎样怎样……"迷失在过去中，沉醉不知归路。

战国时期，魏惠王因为齐威王违背了盟约，所以想要发兵攻打齐国。身为国相的惠施为了劝导魏王息兵，请来了国都的一位贤士戴晋人。戴晋人见了魏王问道："君王知道蜗牛吗？"魏王说："知道。"戴晋人说："蜗牛长着两只触角。左面的角上有一个国家，称为触氏；右面的角上有一个国家，称为蛮氏；为了争夺领地，两国交兵开战，伏尸数万，胜者追了十五天，才收兵回营。"魏王不以为然地笑着说："这不都是虚假之言吗？"戴晋人说："不是虚假之言，不信的话，我来为你论证一下。以君王看来，四方上下有穷尽吗？"魏王说："没有穷尽。"戴晋人又问："人的心巡游过无穷无尽的宇宙之后，返回到人世，可不可以说人世渺小到了似有似无？"魏王说："对。"戴晋人紧跟着又问："人世既然渺小到了可有可无的地步，而魏国只是人世间的一个很小的地方，国都又是魏国之中很小的一块地方，君王又是国都中很小的一个个体，那么，相对于无穷无尽的宇宙而言，跟蜗牛右角上蛮氏国的国王又有什么分别呢？"魏王说："没有什么分别。"遂放弃。

昨日的种种，就像是小小的蜗牛角，在人生的长河中，实在是微不足道。所以，放弃，也没有什么损失。

在成长的途中，每个人的心灵都会经历从幼稚、肤浅、脆弱到成熟、深刻、坚强的洗礼！凤凰涅槃，浴火重生！经历了痛苦与磨炼的心灵，更能爆发出无尽的力量！而曾经的那些痛楚与泪水，都成为美好且弥足珍贵的回忆，沉淀在记忆深处，给人以力量！

在顺境中乘势而进，在逆境中心存喜乐，认真地活在当下，这才是

科学与人生——品味文明人生

人生的务实智慧。理解了这一点，闭塞的心灵就会打开，迂窄的事业就会豁然开朗。

改变自己，生活才有出路

有句名言说："生活的最大成就，就是不断地改变自己，以使自己悟出生活之道。"环境会变，倘若墨守成规、固执己见，迟早要被生活的洪流所吞没；唯有改变，才能紧跟时代，获得发展的良机。

过去的，让它过去，不要回顾。未来的，等来时再说，不要空想。只有抓得住现在，做应该做的，才能成就未来。

有人说："我曾经赚过多少多少钱。"有人说："我当年住过多大多大的房子。"作为令人自豪的过去，这些荣耀本身并没有错，但是它难以使人得到快乐。因为总是沉浸在过去，就看不到当前的美好。事实上，这就叫没有"活在当下"。其实，人生真正要重视的是"当下"，即此时此刻。

假若将精力都耗在对过去的回忆上，却对"当下"的一切视若无睹，自然永远也得不到快乐。一位文人说过："当你存心去找快乐时，你往往找不到。但如果你让自己活在现在，并全神贯注于眼前的事物，快乐便会不请自来。"

其实，每一个人都有过辉煌的往昔，每一个人都要面对自己的现在和未来。但是，人们又常常喜欢回忆。殊不知，一旦陷入回忆，有的人便陷入了一片沼泽中，难以自拔。因为他们只是想着回忆辉煌，对现实的生活束手无策，心中满是压抑，不肯接受现实，于是常常抱怨，久而久之，只会更加堕落。这样一来，还不如那些淡定生活的人，他们一直在前进，也许速度很慢，但至少他们不会后退。

毕竟，"昨日像那东流水，离我远去不可留"，明日又尚不可知，只有"当下"才是人生最好的礼物。有一些人总为过去的一些事情而烦恼，甚至希望可以回到过去。然而，人生不可以重来，过去的永远过去了。每天都有新的人生功课，只有努力做好当天的"功课"才是最重要的！放开过去，活在当下，是走向成功的一条捷径，只有在这种环境中，人才会超越自身的束缚，释放出最大的能量。